2015年度
中国水利信息化
发展报告

水利部网络安全与信息化领导小组办公室　编著

中国水利水电出版社
www.waterpub.com.cn
·北京·

内 容 提 要

本书在对 2015 年度全国水利信息化发展情况调查与统计的基础上，进行了分析与评价，提出了 2015 年随着《全国水利信息化发展"十二五"规划》和国家多项水利信息化重点工程的落实与实施，全国水利信息化得到进一步的快速发展，为全国水利信息化进入"全面渗透、深度融合、加速创新、转型发展"的新发展阶段奠定了坚实基础。

本书主要面向从事水利信息化工作的人员，也可供相关研究机构和高等院校科研和教学参考使用。

图书在版编目（ＣＩＰ）数据

2015年度中国水利信息化发展报告 / 水利部网络安
全与信息化领导小组办公室编著. -- 北京 : 中国水利水
电出版社, 2016.12
ISBN 978-7-5170-5056-8

Ⅰ. ①2… Ⅱ. ①水… Ⅲ. ①水利工程－信息化－研
究报告－中国－2015 Ⅳ. ①TV-39

中国版本图书馆CIP数据核字(2016)第316858号

书 名	2015 年度中国水利信息化发展报告 2015 NIANDU ZHONGGUO SHUILI XINXIHUA FAZHAN BAOGAO
作 者	水利部网络安全与信息化领导小组办公室　编著
出版发行	中国水利水电出版社 （北京市海淀区玉渊潭南路1号D座　100038） 网址：www. waterpub. com. cn E-mail：sales@waterpub. com. cn 电话：(010) 68367658（营销中心）
经 售	北京科水图书销售中心（零售） 电话：(010) 88383994、63202643、68545874 全国各地新华书店和相关出版物销售网点
排 版	中国水利水电出版社微机排版中心
印 刷	北京瑞斯通印务发展有限公司
规 格	210mm×285mm　16开本　8.25印张　250千字
版 次	2016 年 12 月第 1 版　2016 年 12 月第 1 次印刷
印 数	0001—2000 册
定 价	**36.00 元**

编 委 会 成 员

前　言

2015 年是"十二五"规划的收官之年。在国家推动网络强国战略、大数据战略、实施"互联网＋"行动计划的宏观引领下，在全面深化水利改革、加快推进治水兴水新跨越、切实提高水安全保障能力的发展需求驱动下，全国水利信息化推进速度得到进一步提高。在深化信息化与水利业务深度融合、实施资源整合共享、强化网络安全等方面，取得了一系列的突破性成果。

水利部于 2015 年 12 月成立了水利部网络安全与信息化领导小组及其办公室（以下简称部网信办），同时撤销了水利部信息化工作领导小组及其办公室。因此 2015 年度全国水利信息化发展调查工作由部网信办组织水利部直属单位、7 家流域机构、31 家省级水行政主管部门、5 家计划单列市水行政主管部门、新疆生产建设兵团水利局及填报软件开发单位共同完成。

2015 年度全国水利信息化发展状况的统计范围与 2014 年度相同，仍为水利部机关及其在京直属单位、流域机构及其直属单位、省级、计划单列市和新疆生产建设兵团水行政主管部门及其直属单位（不包括香港、澳门和台湾地区）。为了保持各年度间数据与体系上的一致，根据水利部《水利信息化顶层设计》，2015 年度的调查内容仍然主要以水利信息化综合体系的"三大部分"为基础，按水利信息化顶层设计的"五个管理分类"进行指标分类，调查内容主要包括"水利信息化保障环境""水利信息系统运行环境""信息采集与工程监控""资源共享服务"和"综合业务应用"等五个方面。同时，为了适应新技术的发展趋势，2015 年度新增了云计算、大数据和移动计算等新技术应用情况的调查内容。

根据确定的调查统计范围，2015 年度应填报水利信息化发展调查表的单位共计 45 家，即：水利部机关及其在京直属单位、7 个流域机构、31 个省级水行政主管部门、5 个计划单列市水行政主管部门和新疆生产建设兵团水利局。

资料统计分析分为水利部机关及其在京直属单位、各流域机构及其直属单位、省级水行政主管部门及其直属单位三个层次（这三个层次以下合称"省级以上水利部门"，即不含地市级及其以下单位）。在数据汇总分析过程中，统计地方指标时，计划单列市的数据不重复计入各所在省，新疆维吾尔自治区与新疆生产建设兵团按两个地方部门分别统计。

本书的编制完成，得到水利部领导和各司局的关心与大力支持，得到水利部在京直属单位、各流域机构和全国各省级及计划单列市水行政主管部门的大力支持与配合。各资料提供单位的信息化工作部门为此付出了艰辛的劳动。水利部水利信息中心和河海大学水信息学研究所承担了本报告的编制工作，为报告的出版付出了辛勤的劳动。北京北科博研科技有限公司开发了数据填报软件并完成了数据审核汇总的技术支持，在此一并表示衷心的感谢。

由于各方面的原因，书中难免存在不足之处，敬请读者批评指正。

水利部网络安全与信息化领导小组办公室

2016 年 10 月

目　录

前言

一、综述 ··· 1
  （一）水利信息化保障环境 ·· 1
  （二）水利信息系统运行环境 ··· 2
  （三）信息采集与工程监控体系 ··· 2
  （四）资源共享服务体系 ··· 3
  （五）综合业务应用体系 ··· 3

二、水利信息化保障环境 ··· 4
  （一）前期工作、标准与管理制度 ·· 4
  （二）运行维护 ·· 4
  （三）项目投资 ·· 5
  （四）机构和人才队伍 ··· 5
  （五）信息化发展状况评估工作 ··· 6

三、水利信息系统运行环境 ·· 7
  （一）水利信息网络 ·· 7
  （二）视频会议系统 ·· 10
  （三）移动及应急网络 ·· 14
  （四）存储能力 ·· 14
  （五）系统运行安全保障 ··· 15

四、信息采集与工程监控体系 ··· 19
  （一）信息采集点 ·· 19
  （二）工程监控 ·· 20

五、资源共享服务体系 ·· 22
  （一）数据中心信息服务 ·· 22
  （二）门户服务应用 ·· 22
  （三）数据库建设 ·· 23
  （四）业务支撑能力 ·· 24

六、综合业务应用体系 ·· 25
  （一）水利网站 ·· 25
  （二）门户网站运维管理 ·· 25
  （三）行政许可网上办理 ·· 26
  （四）办公系统 ·· 27
  （五）业务应用系统 ·· 28

七、"十二五"期间全国水利信息化发展概况 ……………………………… 30

    （一）"十二五"发展概况 ………………………………………………… 30

    （二）"十二五"期间主要发展指标年度对比 ………………………… 31

八、重点工程进展 ……………………………………………………………… 40

    （一）国家防汛抗旱指挥系统 …………………………………………… 40

    （二）国家水资源监控能力建设 ………………………………………… 40

    （三）全国水土保持监测网络和信息系统 ……………………………… 40

    （四）农村水利信息化 …………………………………………………… 41

    （五）水利财务管理信息系统 …………………………………………… 42

九、水利部年度信息化推进工作 ……………………………………………… 43

    （一）行业管理工作 ……………………………………………………… 43

    （二）规划前期工作 ……………………………………………………… 43

    （三）标准规范工作 ……………………………………………………… 44

    （四）宣传交流工作 ……………………………………………………… 44

附录 1　领导讲话 …………………………………………………………… 45

附录 2　截至 2015 年年末已颁布的水利行业信息化技术标准 …………… 56

附录 3　2015 年颁布的水利信息化技术标准、规范 ……………………… 58

附录 4　2015 年全国水利通信与信息化十件大事 ………………………… 60

附录 5　2015 年全国水利信息化发展现状 ………………………………… 62

附录 6　2015 年计划单列市水利信息化发展状况 ………………………… 113

附录 7　各单位填报人员名单一览表 ……………………………………… 120

一、综　　述

2015 年是我国实施水利信息化发展"十二五"规划的收官之年，亦是谋划全国水利信息化发展"十三五"蓝图的重要之年。随着《全国水利信息化发展"十二五"规划》和国家多项水利信息化重点工程的落实与实施，全国水利信息化进程不断加快，资源整合共享实现突破，重点工程建设积极推进，网络安全逐步加强，流域和地方信息化水平全面提升，东西部差距不断缩小，信息技术与水利业务融合程度逐步加深，信息化发挥效益更加显著，初步形成了由水利信息化基础设施、水利业务应用和水利信息化保障环境组成的水利信息化综合体系，有力支撑了各项水利工作。在改造传统水利、发展民生水利、提高水利管理能力和服务水平以及推动水利部门转变职能等方面，发挥了不可替代的重要作用，为全国水利信息化进入"全面渗透、深度融合、加速创新、转型发展"的新发展阶段奠定了坚实基础。

2015 年度中国水利信息化发展报告的基础数据调查和现状统计分析，继续沿用水利信息化顶层设计中"水利信息化保障环境""水利信息系统运行环境""信息采集与工程监控""资源共享服务"和"综合业务应用"等五个管理分类，其中"综合业务应用"中新增加了"全国水利物联网应用""全国水利云技术应用""全国水利大数据应用"和"全国水利移动应用"四项内容。统计范围仍保持为水利部机关及其在京直属单位（以下简称"水利部"或"水利部机关"）、各流域机构机关及其直属单位（以下简称"流域机构"）、各省（自治区、直辖市）水行政主管部门及其直属单位（以下简称"省级水利部门"）等 40 家单位。其中，新疆维吾尔自治区水利厅与新疆生产建设兵团水利局单列为两个省级水行政主管部门。由于各计划单列市的相关数据已经统计入所属省级水行政主管部门，因此，各类统计表中只统计水利部、流域机构和省级水利部门（合称"省级以上水利部门"），计划单列市的相关统计数据仅在附录中列出。

由于海南省水务厅已经连续 4 年（2012—2015 年）没有提供年度发展状况调查表，本次统计不再引用其 2011 年度数据。黑龙江省水利厅因故未提交 2015 年度数据，本次统计引用其 2014 年度数据。

2015 年度全国水利信息化发展状况分类统计的总体情况按水利信息化五个管理分类分述如下。

（一）水利信息化保障环境

截至 2015 年年末，在省级以上水利部门中，有 38 家单位成立了网络安全和信息化领导小组（或信息化工作领导小组）及其办公室，信息化从业人员达到 3683 人，其中从事信息系统维护保障工作的人员达到 2469 人；年度全国省级以上水利部门主持新建的信息化项目共计 246 项，信息化部门参与了其中 185 项的审批；年度新建项目计划投资总额达 366312.17 万元，其中，中央投资 134110.43 万元，地方投资 175838.94 万元，其他投资 56362.80 万元；年度省级以上水利部门主持通过验收的信息化项目共 186 项，信息化部门参与了其中 149 项的验收，落实的运行保障经费总额为 37729.98 万元，其中专项维护经费 28642.30 万元；全年省级以上水利部门共编制各种信息化项目前期工作文档 159 个，新颁布水利信息化技术标准 41 项，其中部颁标准 6 项，发布管理规章制度 99 项；共有 5 家单位开展了年度信息化发展程度评估工作，有 5 家单位制定了信息化发展程度评估指标体系及评估管理办法，有 2 家单位进行了本单位年度水利信息化发展程度的定量化评估，有 2 家单位进行了辖区内年度水利信息化发展程度的定量化评估。

（二）水利信息系统运行环境

在水利信息网内网建设方面，截至 2015 年年末，水利部机关与 15 个直属单位实现了联通，流域机构与其直属单位的平均联通率达到了 41.46％；全国省级水行政主管部门与其直属单位的平均联通率为 47.80％，与所辖地市的平均联通率达到 63.23％，与所辖县市的平均联通率达到 46.82％。外网建设方面，水利部机关与所有水利部直属单位、32 个省级水行政主管部门实现全联通；流域机构实现了与其直属单位和下属单位的全联通；省级单位与直属单位平均联通率为 75.67％，与地市平均联通率为 95.95％，与县级单位平均联通率为 76.28％。

在水利视频会议连接与应用方面，截至 2015 年年底水利视频会议系统覆盖节点总数达到 8194 个，其中覆盖的 22 个部直属单位中 8 个以高清形式接入、1 个以标清形式接入、13 个以共享方式使用；32 个省级节点全部实现高清接入。流域机构统计的 71 个直属单位中有 32 个节点接入视频会议系统，其中 13 个是以高清形式接入，19 个以标清形式接入。省级水行政主管部门统计的 472 家直属单位中，有 290 家接入视频会议系统，接入率为 61.44％；统计的 423 家市级单位中，有 399 家接入视频会议系统，平均接入率达到 94.33％；统计的 2066 家县级单位中，有 1906 家接入视频会议系统，平均接入率为 92.26％。2015 年度省级水利部门利用自建系统共组织召开视频会议 722 次，参加会议人数达到 200329 人次，其中水利部召开了视频会议 34 次，参会人数达 77000 人次。

在存储方面，省级以上水利部门已配备的各类在线存储设备形成了 8887.18TB 的总存储能力。

在系统运行安全保障设施方面，全国省级以上水利部门的安全保密防护设备数量（内外网合计）为 1165 套，采用 CA 身份认证的应用系统数量（内外网合计）为 165 个；在内网安全方面，全国省级以上水利部门中有 78 个采用 CA 身份认证的应用系统，有 19 家进行了分级保护改造，有 16 家通过了分级保护测评，有 21 家实现了统一的安全管理，有 25 家配有本地数据备份系统，有 5 家单位配有同城异地数据备份系统，有 4 家配有远程异地容灾数据备份系统，有 26 家开展了保密检查，有 21 家开展了应急演练。在外网安全方面，全国省级以上水利部门有 87 个采用 CA 身份认证的应用系统，有 27 家实现了统一的安全管理，有 31 家配有本地数据备份系统，有 6 家单位配有同城异地数据备份系统，有 7 家配有远程异地容灾数据备份系统，有 32 家开展了保密检查，有 30 家制定了应急预案，有 25 家组织过应急演练，有 25 家单位组织开展了信息化安排风险评估工作。全国省级以上水利部门共有 112 个三级以上的国家重要信息系统，已整改 56 个，已通过测评的 51 个，测评通过率达到 45.54％。

在水利通信方面，全国水利部门已配置水利卫星小站 1008 个，其他卫星设施 4275 套，便携式卫星小站 46 套，应急通信车 33 辆，无线宽带接入终端 2487 个，集群通信终端 7160 个。

截至 2015 年年末，省级以上水利部门（内外网合计）配置了各类服务器 5474 套，年增长率达到 19.86％，其中内网服务器 1413 套，外网服务器 4061 套；配备各类联网计算机（PC）（内外网合计）共 91384 台，其中内网 19253 台，外网 72131 台。内外网合计人均拥有联网计算机（PC）约 1.16 台，比 2014 年度的 1.03 台略有增加。

（三）信息采集与工程监控体系

截至 2015 年年末，全国省级以上水利部门能接收到数据的各类信息采集点达 181161 处，较 2014 年度的 140482 处增长 28.96％，其中自动采集点为 144693 处，较 2014 年度的 110622 处增长 30.80％。全国自动采集点占全部采集点的比例达到 79.87％，较 2014 年度的 78.74％有所提高。2015 年年末全国共有信息化的工程监控系统 1665 个，监控点共 44420 个，较 2014 年度增长了 39.64％，其中独立（或移动）点 1124 个，较 2014 年增长了 36.24％。

（四）资源共享服务体系

截至 2015 年年末，全国省级以上水利部门中有 24 家单位已建立数据中心，可正常提供服务的数据库达 1459 个，比 2014 年增长 47.4%，数据库存储的各类结构化数据总量达 985036.84GB，平均库存达到 675.15GB/库，已存储并正常应用的非结构化数据（大文本文件、影像、图形图片等）总量达到 661096.90GB。数据中心或数据库系统已经部分实现了业务系统联机访问、目录服务、非授权联机查询和下载、授权联机查询和下载、主题（专题）服务、数据挖掘和综合分析服务、离线服务和移动应用服务等多种信息服务方式，其服务范围覆盖了防汛抗旱、水资源管理、水土保持监测与管理、农村水利综合管理、水利水电工程移民安置与管理、水利电子政务、水利工程建设与管理、水政监察管理、农村水电管理和水文管理等方面。

（五）综合业务应用体系

截至 2015 年年末，全国省级以上水利部门均建立了面向社会公众服务的门户网站，其中水利部及流域机构共有 36 个政府网站纳入了第一次全国政府网站普查成果，服务内容主要包括信息发布、行政许可审批、信息交流等。在门户服务应用中，有 30 家单位建立了统一的门户服务支撑系统，有 36 家建立了统一的对外服务门户网站，有 28 家建立了统一的对内服务门户网站。年度全国省级以上水行政主管部门门户网站年新增专题 191 个，信息更新量达到 177227 条，网站专职运维人员 129 人。

截至 2015 年年末，全国省级以上水利部门的行政许可共计 911 项，其中 911 项在网站公开及介绍，686 项可网上办理，全国平均行政许可网上办理比例达到 75.30%，比 2014 年度的 58% 明显提高。在日常办公方面，全国省级以上水行政主管部门中，有 30 家单位已经在本单位内部实现了公文流转无纸化。有 25 家单位已经实现了与上级领导机关之间的公文流转无纸化，有 352 家直属单位实现了与其上级单位的公文流转无纸化。正常运行的各类应用系统涵盖了水利业务的主要方面，主要包括防汛抗旱指挥、水资源管理、水土保持监测与管理、农村水利管理、水利电子政务、水利财务等系统，其中通过国家水资源监控能力建设（2012—2014 年）项目建设的水资源管理系统基本完成，进入试运行，即将竣工验收；防汛抗旱指挥系统已全面开工建设所有 15 个单项工程，积极推进了《全国水土保持信息化实施方案》的落实，完成了全国农村水利管理信息系统升级改造项目可行性研究报告编制工作。

截至 2015 年年末，全国各级水利部门中已建设了基于物联网技术的应用系统 13 套，移动感知器总数达 4661 个，移动标签 1960 个；上公共云的应用 5 个、数据总量达 182.9GB，年租用费用共计 15.57 万元，其中浙江省水利厅部署在阿里云上的"台风路径实时发布系统"创造了单日访问高达 1430 万人次的记录；建立了 9 个大数据应用平台；建立了 41 套移动应用。信息新技术的应用已经在推动全国水利信息化向更高层次的发展中发挥了引领作用。

二、水利信息化保障环境

（一）前期工作、标准与管理制度

2015 年度全国省级以上水利部门共编制各种信息化项目前期工作文档 159 个，颁布水利信息化技术标准 41 个，发布管理规章制度 99 个，详见表 2-1。其中，2015 年度前期工作文档、标准规范与管理制度分布情况详见图 2-1。

表 2-1　　　　　　　　　　　　2015 年度前期文档、标准规范、管理规章制度情况　　　　　　　　　　单位：个

分　类	水利部	流域小计	地方小计	全国合计
2015 年度前期工作	7	29	123	159
2015 年度标准规范	6	2	33	41
2015 年度管理规章制度	0	42	57	99

注　流域指水利部所辖 7 个流域机构，地方指省级水利部门，下同。

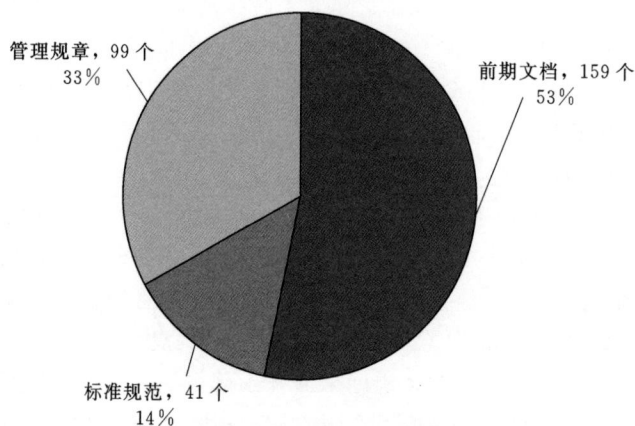

图 2-1　2015 年度前期工作、标准规范与管理制度情况

（二）运行维护

截至 2015 年年末，全国省级以上水利部门从事信息系统维护保障工作的人员达 2469 人，占信息化从业人员总数的 67.04%，2015 年度信息系统运行维护人员和经费情况见表 2-2。2015 年度落实的信息化运行维护经费总额为 37729.98 万元，较 2014 年增长 28.14%。2015 年度信息化专项维护经费 28642.30 万元，较 2014 年增长 2593.57 万。

表 2-2　　　　　　　　　　　2015 年度信息系统运行维护人员和经费情况

分　类	信息系统专职运行维护人数/人	调查年度到位的运行维护资金	
		总经费/万元	专项维护经费/万元
水利部机关	39	6150.75	6150.75
流域小计	1118	12103.69	7701.15
地方小计	1312	19475.54	14790.40
全国合计	2469	37729.98	28642.30

（三）项目投资

2015 年度全国省级以上水利部门主持新建的信息化项目计划投资总额为 366312.17 万元，详见表 2-3，计划投资总额较 2014 年增加 24.36%。2015 年度全国省级以上水利部门主持新建信息化项目共计 246 项，单项信息化项目平均投资为 1489.07 万元，比 2014 年的 1212.17 万元增加 22.84%，投资力度在进一步加大。

表 2-3　　　　　　　　　2015 年度水利信息化新建项目计划投资汇总表

	其　中		金额 /万元	所占比例 /%	总额 /万元
2015 年全国 水利信息化 新建项目 投资总额	按投资 来源分类	中央投资	134110.43	36.61	366312.17
		地方投资	175838.94	48.00	
		其他投资	56362.80	15.39	
	按主持 部门分类	水利部主持的新建项目投资总额	3032.20	0.83	
		流域机构主持的新建项目投资总额	3850.40	1.05	
		地方水利部门主持的新建项目投资额	359429.57	98.12	

2015 年度全国省级以上水利部门主持新建信息化项目共计 246 项，较 2014 年增加 3 项，其中信息化部门参与了其中 185 项的审批，比例达到 75.20%。

全国省级以上水利部门主持通过验收的信息化项目共 186 项，信息化部门参与了其中 149 项项目的验收，比例达到 80.11%，详见图 2-2。

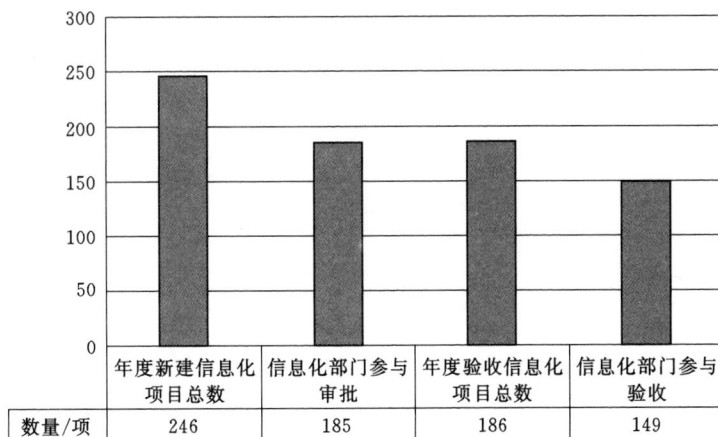

数量/项	246	185	186	149
	年度新建信息化 项目总数	信息化部门参与 审批	年度验收信息化 项目总数	信息化部门参与 验收

图 2-2　2015 年度信息化部门参与新建信息化项目、验收信息化情况

（四）机构和人才队伍

2015 年度全国从事水利信息化工作的人员达到 3683 人，较 2014 年增加 14.52%，年度信息化专题培训达到 17275 人次，具体情况详见表 2-4。其中水利部机关、流域机构和地方水行政主管部门的人员分布情况详见图 2-3。区域分布上东部地区主要从事信息化工作的人员数比中西部多，见图 2-4。其中：东部地区包括北京、天津、河北、辽宁、上海、江苏、浙江、福建、山东、广东和海南；中部地区包括山西、吉林、黑龙江、安徽、江西、河南、湖北和湖南；西部地区包括内蒙古、广西、重庆、四川、贵州、云南、西藏、陕西、甘肃、青海、宁夏、新疆、新疆生产建设兵团，下同。

表 2 - 4   2015 年度人才队伍建设情况

单 位 名 称	人 员 情 况	
	主要从事信息化工作的/人	年度接受信息化专题培训的/人次
水利部机关	152	403
流域小计	1910	8777
地方小计	1621	8095
全国合计	3683	17275

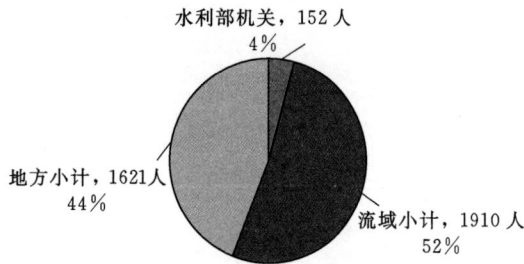

图 2 - 3 2015 年度水利部机关、流域机构、地方从事
信息化工作人员分布图

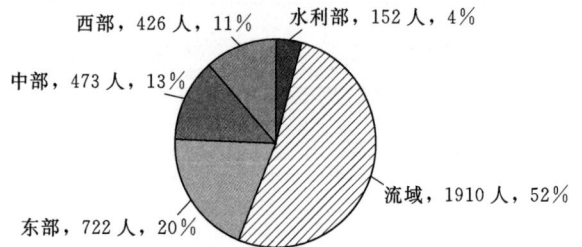

图 2 - 4 2015 年度全国从事信息化
工作人员分布图

（五）信息化发展状况评估工作

2015 年，全国省级以上水利部门中有 5 家单位开展了本单位年度水利信息化发展状况评估，5 家单位制定了本单位信息化发展程度评估指标体系及评估管理办法，2 家单位开展了本单位年度水利信息化发展程度的定量化评估，2 家单位进行了辖区内年度水利信息化发展定量化评估，详见图 2 - 5。

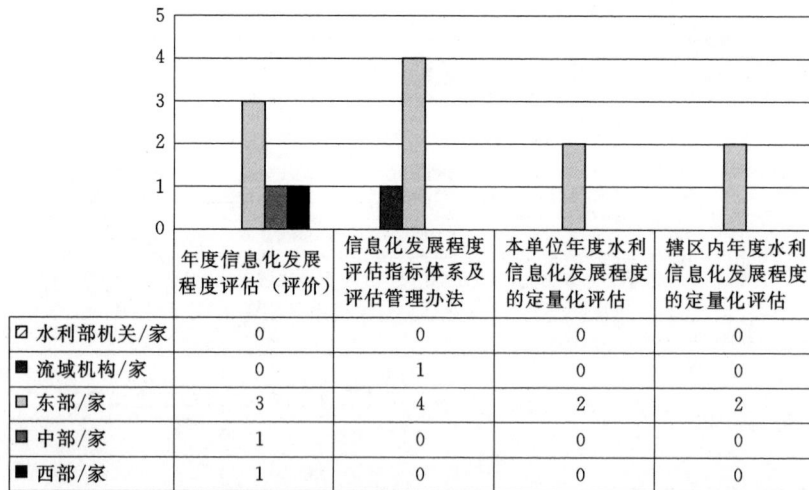

	年度信息化发展程度评估（评价）	信息化发展程度评估指标体系及评估管理办法	本单位年度水利信息化发展程度的定量化评估	辖区内年度水利信息化发展程度的定量化评估
水利部机关/家	0	0	0	0
流域机构/家	0	1	0	0
东部/家	3	4	2	2
中部/家	1	0	0	0
西部/家	1	0	0	0

图 2 - 5 2015 年度省级以上水利部门信息化发展状况评估工作开展情况

三、水利信息系统运行环境

（一）水利信息网络

截至 2015 年年末，省级以上水利部门（内外网合计）拥有服务器 5474 套，联网计算机（PC）（内外网合计）共 91384 台，内外网联网计算机较 2014 年增加 8.14%，内外网合计人均拥有联网计算机（PC）约 1.16 台，比 2014 年度的 1.03 台增长 12.62%。服务器数量较 2014 年增长较大，增长率达到 19.86%，其中：内网服务器 1413 套，内网联网计算机（PC）19253 台；外网服务器 4061 套，外网联网计算机（PC）72131 台。地区分布方面，东部地区（内外网合计）服务器和联网计算机仍远高于中部地区和西部地区，见表 3-1。

表 3-1　　　　　　　　　　　2015 年度全国水利联网计算机和服务器规模

分　类		内　　网		外　　网	
		服务器/套	联网计算机/台	服务器/套	联网计算机/台
水利部机关		42	525	303	2000
流域小计		129	1517	1641	33873
地方	东部	594	9861	1182	21183
	中部	367	5020	333	6597
	西部	281	2330	602	8478
	小计	1242	17211	2117	36258
合计		1413	19253	4061	72131

在内网建设方面，2015 年水利部机关与应联直属单位联通率为 38.46%，流域机构与其应联直属单位的平均联通率达到 41.46%，见表 3-2。全国省级水行政主管部门与其应联直属单位的平均联通率达到 47.80%，与所辖地市（直辖市所辖区县统一计为地市，下同）的内网平均联通率达到 63.23%，与所辖县（市）的联通率达到 46.82%，详见表 3-3。

表 3-2　　　　　　　　　　　2015 年水利部机关、流域机构内网联通情况

单位名称	直属单位/个	直　属　单　位					下　属　单　位		
		以局域网接入内网的单位/个	以广域网接入内网的单位/个	以局域网接入内网的联通率/%	以广域网接入内网的联通率/%	直属单位联入内网的联通率/%	下属单位/个	已联入内网的下属单位/个	内网联通率/%
水利部机关	17	3	2	17.64	11.76	29.40	39	7	17.95
长江水利委员会	19						2		
黄河水利委员会	17						48		
淮河水利委员会	9	8	1	88.89	11.11	100.00	5	2	40.00
海河水利委员会	16	8		50.00		50.00	8	5	62.50
珠江水利委员会	6	5		83.33		83.33	3		

续表

单位名称	直属单位 /个	直 属 单 位					下 属 单 位		
		以局域网接入内网的单位 /个	以广域网接入内网的单位 /个	以局域网接入内网的联通率 /%	以广域网接入内网的联通率 /%	直属单位联通内网的联通率 /%	下属单位 /个	已联入内网的下属单位 /个	内网联通率 /%
松辽水利委员会	8	8		100.00		100.00	5		
太湖流域管理局	7	4		57.14		57.14	2		
流域小计	82	33	1	40.24	1.22	41.46	73	7	9.59

表 3-3　　　　　2015 年省级水行政主管部门直属单位及地（市）县内网联通情况

单位名称	直 属 单 位						地（市）县					
	直属单位 /个	以局域网联入内网的单位 /个	以广域网联入内网的单位 /个	以局域网接入内网的联通率 /%	以广域网接入内网的联通率 /%	直属单位联入内网的联通率 /%	地市 /个	已联入内网的地市 /个	联通率 /%	县（市）/个	已联入内网的县（市）/个	联通率 /%
北京	30	30		100.00		100.00	16	16	100.00			
天津	29	4	23	13.79	79.31	93.10	10	10	100.00			
河北	16		7	0.00	43.75	43.75	11	11	100.00	173	172	99.42
山西	13	1	8	7.69	61.54	69.23	11	9	81.82	109		
内蒙古	20						12			101		
辽宁	32	18		56.25		56.25	14			104		
吉林	27		3		11.11	11.11	10	9	90.00	34		
黑龙江	12						12			64		
上海	14	3	1	21.43	7.14	28.57	17	17	100.00			
江苏	35		35		100.00	100.00	13	13	100.00	106	106	100.00
浙江	19	2		10.53		10.53	14	11	78.57	90	89	98.89
安徽	17		2		11.76	11.76	20			101	8	7.92
福建	15		15		100.00	100.00	9	9	100.00	85	85	100.00
江西	10		10		100.00	100.00	21	21	100.00	114	99	86.84
山东	8	3	5	37.50	62.50	100.00	17	17	100.00	140	140	100.00
河南	30						18			159		
湖北	15	6	5	40.00	33.33	73.33	32	26	81.25	76	57	75.00
湖南	16	12		75.00		75.00	14	14	100.00	124	124	100.00
广东	10	3	7	30.00	70.00	100.00	21	21	100.00	146	97	66.44
广西	13	10		76.92		76.92	14			120		
海南												
重庆	12						39	14	35.90			
四川	19		6		31.58	31.58	21	6	28.57	183	17	9.29
贵州	17						10	10	100.00	88	88	100.00
云南	11	11		100.00		100.00	16	16	100.00	129		
西藏	8		2		25.00	25.00	7	2	28.57	54	37	68.52
陕西	17	5		29.41		29.41	12	12	100.00	107	104	97.20

单位名称	直属单位					地（市）县					
	直属单位/个	以局域网联入内网的单位/个	以广域网联入内网的单位/个	以局域网接入内网的联通率/%	以广域网接入内网的联通率/%	直属单位联入内网的联通率/%	地市/个	已联入内网的地市/个	联通率/%	县（市）/个	已联入内网的县（市）/个	联通率/%
甘肃	22	5		22.73		22.73	14	14	100.00	86	7	8.14
青海	13	10	3	76.92	23.08	100.00	8	3	37.50	39		
宁夏	34	16		47.06		47.06	6	1	16.67	22		
新疆	33						7			88		
兵团										13	13	100.00
合计	567	139	132	24.51	23.28	47.80	446	282	63.23	2655	1243	46.82

注 单位名称中的省份代表该省份水行政主管部门，如北京表示北京市水务局，下同。

在外网建设方面，水利部机关与直属单位外网联通率为100%，与下属单位（流域机构和省级水行政主管部门）实现外网全联通，流域机构与其应联直属单位的外网平均联通率达到84.15%，与其应联下属单位的外网平均联通率达到95.65%，详见表3—4。省级水行政主管部门与直属单位外网联通率为75.67%，与地市外网联通率为95.95%，与县级水利部门外网联通率为76.28%，详见表3—5。

表3—4 　　　　　　　　　　2015年水利部机关、流域机构外网联通情况

单位名称	直属单位						下属单位		
	直属单位/个	以局域网接入外网的单位/个	以广域网接入外网的单位/个	以局域网接入外网的联通率/%	以广域网接入外网的联通率/%	直属单位联入外网的联通率/%	下属单位/个	已联入外网的下属单位/个	外网联通率/%
水利部机关	17	3	14	17.64	82.36	100.00	39	39	100.00
长江水利委员会	19	5	9	26.32	47.37	73.68	2	2	100.00
黄河水利委员会	17	7	2	41.18	11.76	52.94	48	48	100.00
淮河水利委员会	9	8	1	88.89	11.11	100.00	5	5	100.00
海河水利委员会	16	12	4	75.00	25.00	100.00	48	44	91.67
珠江水利委员会	6	5	1	83.33	16.67	100.00	5	4	80.00
松辽水利委员会	7	7		100.00		100.00	6	6	100.00
太湖流域管理局	8	5	3	62.50	37.50	100.00	1	1	100.00
流域小计	82	49	20	59.76	24.39	84.15	115	110	95.65

表3—5 　　　　　　　2015年省级水行政主管部门直属单位及地市县外网联通情况

单位名称	直属单位						地（市）县					
	直属单位/个	以局域网联入外网的单位/个	以广域网联入外网的单位/个	以局域网接入内网的联通率/%	以广域网接入内网的联通率/%	直属单位联入内网的联通率/%	地市/个	已联入外网的地市/个	联通率/%	县（市）/个	已联入外网的县（市）/个	联通率/%
北京	30	27	3	90.00	10.00	100.00	16	16	100.00			
天津	29	4	23	13.79	79.31	93.10	10	10	100.00			
河北	7		6		85.71	85.71	9	9	100.00	173	173	100.00

续表

单位名称	直属单位					地（市）县					
	直属单位/个	以局域网联入外网的单位/个	以广域网联入外网的单位/个	以局域网接入内网的联通率/%	以广域网接入内网的联通率/%	直属单位联入内网的联通率/%	地市/个	已联入外网的地市/个	联通率/%	县（市）/个	已联入外网的县（市）/个	联通率/%
山西	25	9	16	36.00	64.00	100.00	11	11	100.00	109	109	100.00
内蒙古	20		20		100.00	100.00	12	12	100.00	101		
辽宁	32	17	9	53.13	28.13	81.25	16	14	87.50	104	104	100.00
吉林	10		10		100.00	100.00	10	9	90.00	34		
黑龙江	12						12	2	16.67	64	14	21.88
上海	14	3	9	21.43	64.29	85.71	17	17	100.00			
江苏	35	12	23	34.29	65.71	100.00	13	13	100.00	106	106	100.00
浙江	19	3	7	15.79	36.84	52.63	14	11	78.57	90	60	66.67
安徽	17		17		100.00	100.00	20	20	100.00	102	102	100.00
福建	17		15		88.24	88.24	9	9	100.00	85	27	31.76
江西	10	3	7	30.00	70.00	100.00	21	21	100.00	114	97	85.09
山东	8	5		62.50		62.50	17	17	100.00	140	140	100.00
河南	29	6	23	20.69	79.31	100.00	18	18	100.00	159	134	84.28
湖北	15	5	4	33.33	26.67	60.00	33	32	96.97	75	51	68.00
湖南	16		4		25.00	25.00	14	14	100.00	124	124	100.00
广东	18		18		100.00	100.00	24	24	100.00	166	146	87.95
广西	14	11	3	78.57	21.43	100.00	14	13	92.86	126	120	95.24
海南												
重庆	12	10	1	83.33	8.33	91.67	39	39	100.00			
四川	25	1	4	4.00	16.00	20.00	28	24	85.71	140	121	86.43
贵州	17	4	4	23.53	23.53	47.06	9	8	88.89	88	88	100.00
云南	18	2	15	11.11	83.33	94.44	16	15	93.75	129	95	73.64
西藏	8	2	1	25.00	12.50	37.50	2	2	100.00	46	41	89.13
陕西	17	1	16	5.88	94.12	100.00	12	12	100.00	107	107	100.00
甘肃	22	1	1	4.55	4.55	9.09	14	14	100.00	86	14	16.28
青海	13	1	3	7.69	23.08	30.77	9	1	11.11	39	1	2.56
宁夏	35	17	11	48.57	31.43	80.00	5	5	100.00	22	21	95.45
新疆	15	4	2	26.67	13.33	40.00	14	14	100.00	88		
兵团										14	12	
合计	559	148	275	26.48	49.19	75.67	444	426	95.95	2631	2007	76.28

（二）视频会议系统

水利视频会商系统的覆盖范围包括：国家防总、水利部机关组成的一级节点；水利部直属单位、31 个省（自治区、直辖市）水利（水务）厅（局）、新疆生产建设兵团水利局组成的二级节点；流域和省区的直属单位、地市水利部门组成的三级节点；县级水利部门组成的四级节点；联入视频会议的乡、村级水利部门组成的五级节点。截至 2015 年年底，系统节点总数达到 8194 个，其中水利部至 24 个部直属单位中的 22 个实现了直连，其中 8 个（7 个流域机构及水利部小浪底水利枢纽管理中心）以高清形式接入，1 个以标清形式接入，13 个以共享形式接入；31 个省级节点及新疆生产建设兵团水利局全部实现高清接入。流域机构统计的 71 个直属单位中有 46 个单位接入视频会议系统，其中 13 个是以高清形式接入，19 个以标清形式接入，14 个以共享形式接入。详见表 3-6。

另外，根据防汛抗旱业务需求，水利视频会商系统与中国气象局、国家海洋局、国家新闻出版广电总局、总参气象水文中心、武警水利水电总队实现了互联互通，通过国家防汛抗旱指挥系统二期工程的建设，实现了防汛工程视频监控及移动设备的接入。

表 3-6   **2015 年水利部机关、流域机构与一级直属单位视频会议系统接入情况**

单位名称	直属单位/个	接入方式				接入率/%				联通率/%
		高清	标清	共享	未接入	高清	标清	共享	未接入	
水利部机关	24	8	1	13	2	34.00	5.00	55.00	9.00	92.00
长江水利委员会	10	3	2		5	30.00	20.00		50.00	50.00
黄河水利委员会	17		12	5			70.59	29.41		100.00
淮河水利委员会	11	1	1		9	9.09	9.09		81.82	18.18
海河水利委员会	13	3	1		9	23.08	7.69		69.23	100.00
珠江水利委员会	7	2			5	28.57			71.43	28.57
松辽水利委员会	11	3	2		6	27.27	18.18		54.55	45.45
太湖流域管理局	2	1	1		0	50.00	50.00			100.00
流域小计	71	13	19	14	25	18.31	26.76	19.72	35.21	64.79

省级水行政主管部门统计的 472 家直属单位中，有 290 家接入视频会议系统，联通率为 61.44%，其中 149 家以高清形式接入，105 家以标清形式接入，36 家以共享形式接入，详见表 3-7。在省级水行政主管部门统计的 423 家市级单位中，有 399 家接入视频会议系统，联通率达到 94.33%，其中有 328 家以高清形式接入，52 家以标清形式接入，19 家以共享形式接入，详见表 3-8。在省级水行政主管部门统计的 2066 家县级单位中，有 1906 家接入视频会议系统，联通率为 92.66%，其中有 1230 家以高清形式接入，675 家以标清形式接入，1 家以共享形式接入，详见表 3-9。

表 3-7   **2015 年省级水行政主管部门与直属单位视频会议系统接入情况**

单位名称	直属单位/个	不同接入方式/个				不同接入方式的接入率/%				联通率/%
		高清	标清	共享	未接入	高清	标清	共享	未接入	
北京	34	18			16	52.94			47.06	52.94
天津	29	1	4	6	18	3.45	13.79	20.69	62.07	37.93
河北	7	1	6			14.29	85.71			100.00
山西	13	5			8	38.46			61.54	38.46
内蒙古	20	3			17	15.00			85.00	15.00
辽宁	32	32				100.00				100.00
吉林	11	1	1		9	9.09	9.09		81.82	18.18
黑龙江	2		2				100.00		0.00	100.00
上海	14	9	3		2	64.29	21.43		14.29	85.71
江苏	12	9			3	75.00			25.00	75.00
浙江	7		2		5		28.57		71.43	28.57

续表

单位名称	直属单位/个	不同接入方式/个				不同接入方式的接入率/%				联通率/%
		高清	标清	共享	未接入	高清	标清	共享	未接入	
安徽	17	1	14		2	5.88	82.35		11.76	88.24
福建	16	2	1		13	12.50	6.25		81.25	18.75
江西	16	1	9		6	6.25	56.25		37.50	62.50
山东	18	18				100.00				100.00
河南	31	10	15	4	2	32.26	48.39	12.90	6.45	93.55
湖北	14		14				100.00			100.00
湖南	4		1	3			25.00	75.00		100.00
广东	11	1	10			9.09	90.91			100.00
广西	13	1			12	7.69			92.31	7.69
海南										
重庆	11			9	2			81.82	18.18	81.82
四川	20	1	2		17	5.00	10.00		85.00	15.00
贵州	17	17				100.00				100.00
云南	1	1				100.00				100.00
西藏	8		8				100.00			100.00
陕西	17	3	2		12	17.65	11.76		70.59	29.41
甘肃	22	5			17	22.73			77.27	22.73
青海	5	1			4	20.00			80.00	20.00
宁夏	34	1	11	14	8	2.94	32.35	41.18	23.53	76.47
新疆	16	7			9	43.75			56.25	43.75
兵团										
合计	472	149	105	36	182	31.57	22.25	7.63	38.56	61.44

表 3－8　　　　　2015 年省级水行政主管部门与市级单位视频会议系统接入情况

单位名称	市级单位/个	不同接入方式/个				不同接入方式的接入率/%				联通率/%
		高清	标清	共享	未接入	高清	标清	共享	未接入	
北京										
天津	10		10					100.00		100.00
河北	11	9	2			81.82	18.18			100.00
山西	11	11				100.00				100.00
内蒙古	12	12				100.00				100.00
辽宁	16	16				100.00				100.00
吉林	9			9				100.00		
黑龙江	14		14				100.00			100.00
上海	17	17				100.00				100.00
江苏	13	13				100.00				100.00
浙江	9	9				100.00				100.00
安徽	16	15	1			93.75	6.25			100.00
福建	10	10				100.00				100.00
江西	11	11				100.00				100.00

续表

单位名称	市级单位/个	不同接入方式/个				不同接入方式的接入率/%				联通率/%
		高清	标清	共享	未接入	高清	标清	共享	未接入	
山东	17	17				100.00				100.00
河南	18	18				100.00				100.00
湖北	14	1	13			7.14	92.86			100.00
湖南	14		14				100.00			100.00
广东	22	22				100.00				100.00
广西	14	14				100.00				100.00
海南										
重庆	39	39				100.00				100.00
四川	21	12	2		7	57.14	9.52		33.33	66.67
贵州	9		9				100.00			100.00
云南	16	16				100.00				100.00
西藏	6		6				100.00			100.00
陕西	12	12				100.00				100.00
甘肃	22	14			8	63.64			36.36	63.64
青海	8	8				100.00				100.00
宁夏	5	5				100.00				100.00
新疆	14	14				100.00				100.00
兵团	13	13				100.00				100.00
合计	423	328	52	19	24	77.54	12.29	4.49	5.67	94.33

表 3-9　　2015 年省级水行政主管部门与县级单位视频会议系统接入情况

单位名称	县级单位/个	不同接入方式/个				不同接入方式的接入率/%				联通率/%
		高清	标清	共享	未接入	高清	标清	共享	未接入	
北京										
天津										
河北	173	142	31			82.08	17.92			100.00
山西	109	107	2			98.17	1.83			100.00
内蒙古										
辽宁	104	104				100.00				100.00
吉林										
黑龙江										
上海										
江苏	106	106				100.00				100.00
浙江	90	90				100.00				100.00
安徽	106	30	57		19	28.30	53.77		17.92	82.08
福建	85		85				100.00			100.00
江西	114		114				100.00			100.00
山东	140	140				100.00				100.00
河南	1	1				100.00				100.00
湖北	96	17	66		13	17.71	68.75		13.54	86.46

续表

单位名称	县级单位 /个	不同接入方式/个				不同接入方式的接入率/%				联通率 /%
		高清	标清	共享	未接入	高清	标清	共享	未接入	
湖南	124		124				100.00			100.00
广东	181	57	116	1	7	31.49	64.09	0.55	3.87	96.13
广西	126	126				100.00				100.00
海南										
重庆										
四川	78	54	24			69.23	30.77			100.00
贵州										
云南	130	130				100.00				100.00
西藏	49	8	41			16.33	83.67			100.00
陕西	107	89	15		3	83.18	14.02		2.80	97.20
甘肃	86	7			79	8.14			91.86	8.14
青海	39	2			37	5.13			94.87	5.13
宁夏	22	20			2	90.91			9.09	90.91
新疆										
兵团										
合计	2066	1230	675	1	160	59.54	32.67	0.05	7.74	92.26

（三）移动及应急网络

在移动及应急网络方面，截至 2015 年年末，全国省级以上水利部门配置的移动终端达到 11588 台，较 2014 年增加 71.32%，移动信息采集设备 7093 套，详见表 3-10。其中东部地区的移动信息终端 1547 台，较 2014 年度减少 43 台，而东部地区移动信息采集设备最多，达到 6469 套，较 2014 年度增加 6194 套；流域的移动信息采集设备套数 133 套，西部地区移动信息采集设备 262 套，流域和中部地区移动信息采集设备数量较 2014 年变化不大。

表 3-10　　　　　　　　　　2015 年全国水利移动及应急网络情况

移动及应急网络情况		移动信息终端/台	移动信息采集设备/套
水利部机关		1100	
流域小计		4922	133
地方	东部	1547	6469
	中部	1832	229
	西部	2187	262
	小计	5566	6960
全国小计		11588	7093

（四）存储能力

截至 2015 年年末，全国省级以上水利部门配备的各类存储设备形成了 9100476.56GB 的总存储容量，较 2014 年的 5545750.87GB 增长 64.10%。其中，外网存储容量达 5820873.30GB，较 2014 年的 3849133.17GB 增长 51.22％；内网存储容量达 3279603.26GB，较 2014 年的 1696617.70GB 增长 93.30％，见表 3－11。

表 3－11　2015 年全国省级水利存储容量情况　单位：GB

分　类		内网存储容量	外网存储容量	总存储容量
水利部机关		360178.00	725181.00	1085359.00
流域小计		830890.00	2200717.60	3031607.60
地方	东部	1314103.76	563235.70	1877339.46
	中部	174620.50	1339497.00	1514117.50
	西部	599811.00	992242.00	1592053.00
	小计	2088535.26	2894974.70	4983509.96
全国合计		3279603.26	5820873.30	9100476.56

在内外网存储中，各区域发展不平衡，2015 年东部、中部、西部内外网存储容量分布见图 3－1，水利部机关、流域机构与地方各级水行政主管部门内外网总存储量对比见图 3－2。

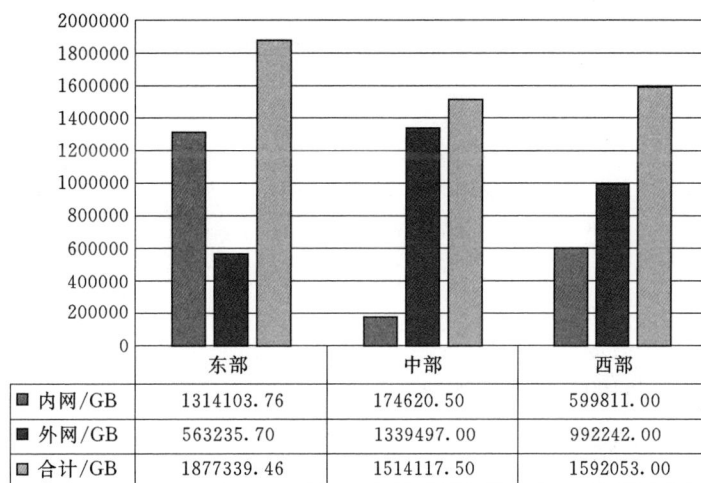

	东部	中部	西部
内网/GB	1314103.76	174620.50	599811.00
外网/GB	563235.70	1339497.00	992242.00
合计/GB	1877339.46	1514117.50	1592053.00

图 3－1　2015 年东部、中部、西部内外网存储容量分布对比图

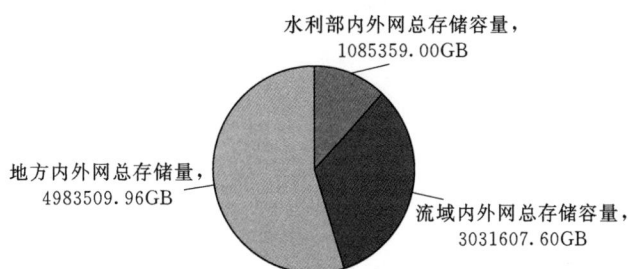

图 3－2　2015 年水利部、流域机构与地方各级
水行政主管部门内外网总存储量

（五）系统运行安全保障

截至 2015 年年末，全国省级以上水利部门的安全保密防护设备数量（内外网合计）为 1165 套，采用 CA 身份认证的应用系统数量（内外网合计）为 165 个，详见图 3－3，各单位的系统运行安全保障设施的完整性和有效性仍需进一步加强，详见图 3－4。

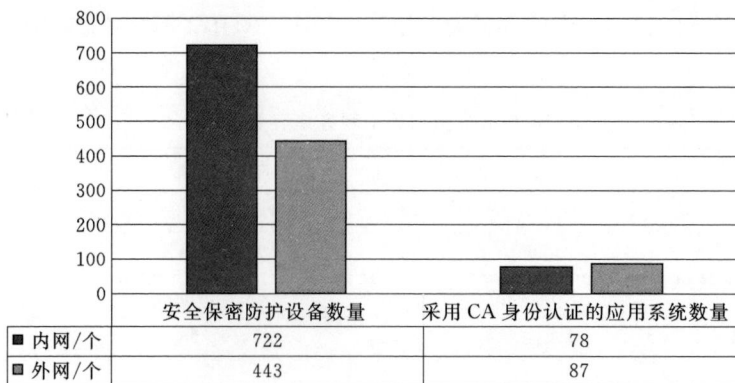

	安全保密防护设备数量	采用 CA 身份认证的应用系统数量
■ 内网/个	722	78
■ 外网/个	443	87

图 3-3　2015 年内外网安全保密防护设备和采用 CA 身份
认证的应用系统数量

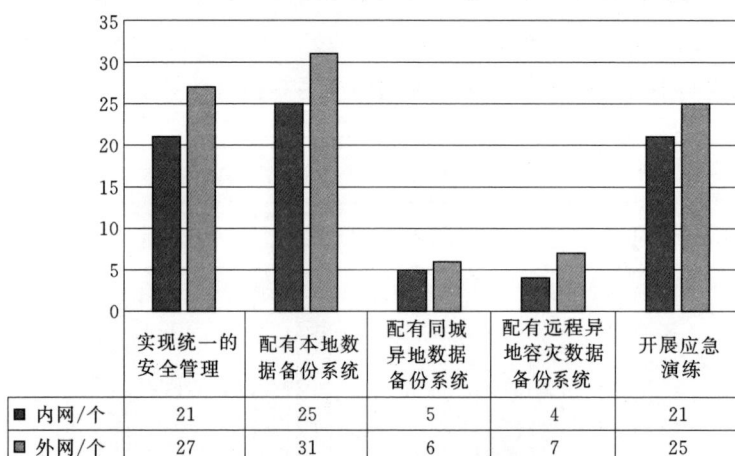

	实现统一的安全管理	配有本地数据备份系统	配有同城异地数据备份系统	配有远程异地容灾数据备份系统	开展应急演练
■ 内网/个	21	25	5	4	21
■ 外网/个	27	31	6	7	25

图 3-4　2015 年全国省级以上水利部门的系统运行安全情况

在内网方面，2015 年，东部地区的安全保密防护设备数量最多，达到 100 个，较 2014 年有较大增长，中部地区最少；相对而言，采用 CA 身份认证的应用系统数量太少，东部、中部、西部均普遍薄弱，详见图 3-5。系统运行安全情况中，经济发达的东部地区发展相对均衡，中西部与其存在一定的差距，详见图 3-6。

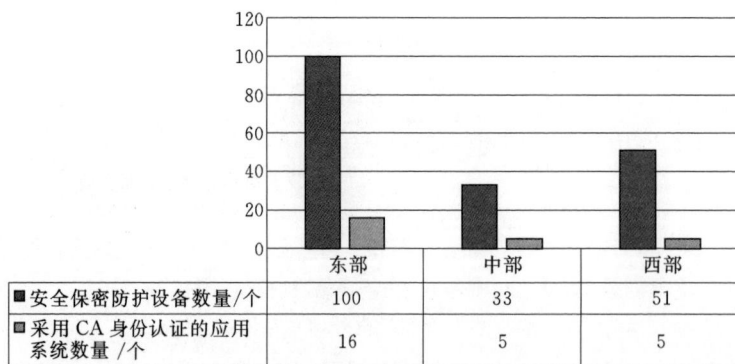

	东部	中部	西部
■ 安全保密防护设备数量/个	100	33	51
■ 采用 CA 身份认证的应用系统数量 /个	16	5	5

图 3-5　2015 年东部、中部和西部内网的安全保密防护设备和采用
CA 身份认证的应用系统数量对比

在外网方面，2015 年，东部地区的安全保密防护设备数量最多，达到 109 个，中部地区最少，只有 38 个，仅为东部地区的 34.86%；东部、中部和西部地区采用 CA 身份认证的应用系统数量普遍较少，中部地区最为薄弱，仅有 3 个，详见图 3-7。系统运行安全情况中，东中西部地区发展比较

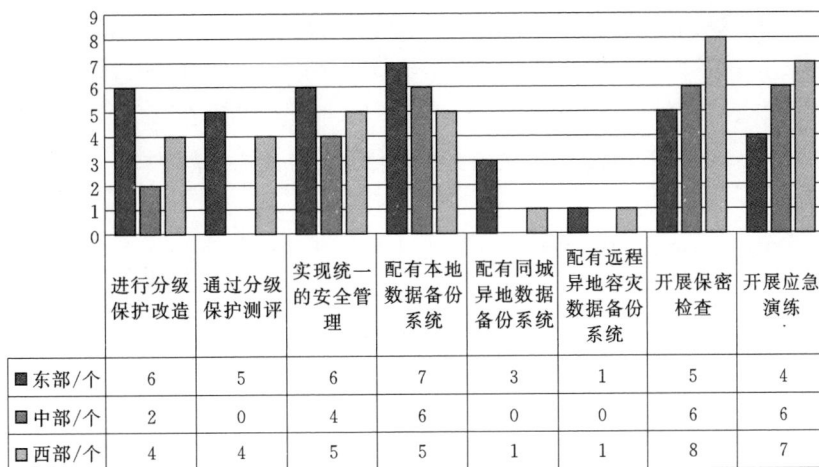

	进行分级保护改造	通过分级保护测评	实现统一的安全管理	配有本地数据备份系统	配有同城异地数据备份系统	配有远程异地容灾数据备份系统	开展保密检查	开展应急演练
东部/个	6	5	6	7	3	1	5	4
中部/个	2	0	4	6	0	0	6	6
西部/个	4	4	5	5	1	1	8	7

图 3-6 2015 年东部、中部和西部内网的系统运行安全情况对比

均衡，其中，西部地区配有的本地数据备份系统及开展的安全检查的单位最多，分别达到 10 家和 13 家单位，详见图 3-8。

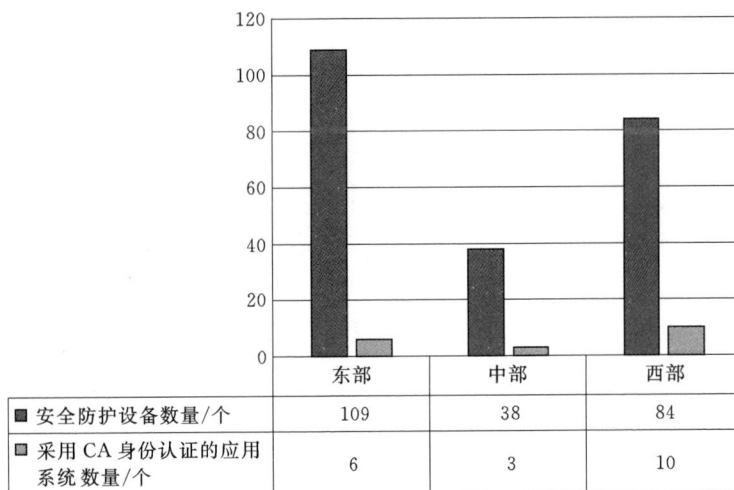

	东部	中部	西部
安全防护设备数量/个	109	38	84
采用 CA 身份认证的应用系统 数量/个	6	3	10

图 3-7 2015 年东部、中部和西部外网的安全保密防护设备和
采用 CA 身份认证的应用系统数量对比

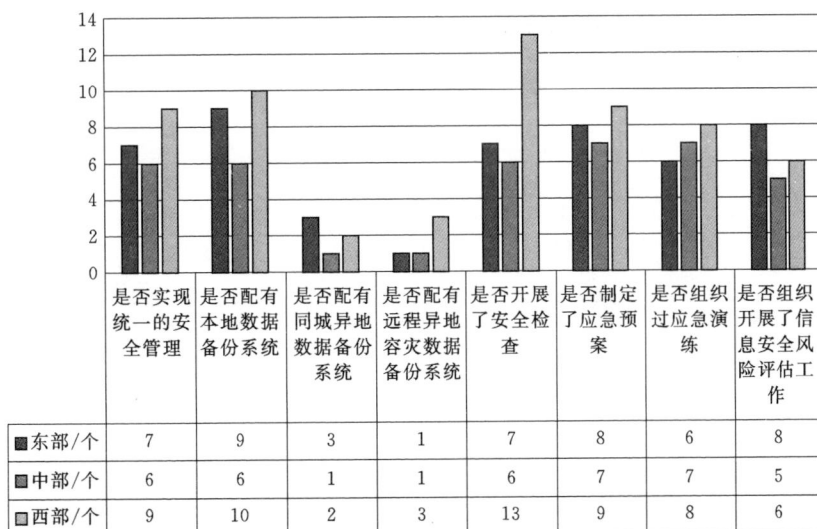

	是否实现统一的安全管理	是否配有本地数据备份系统	是否配有同城异地数据备份系统	是否配有远程异地容灾数据备份系统	是否开展了安全检查	是否制定了应急预案	是否组织应急演练	是否组织开展了信息安全风险评估工作
东部/个	7	9	3	1	7	8	6	8
中部/个	6	6	1	1	6	7	7	5
西部/个	9	10	2	3	13	9	8	6

图 3-8 东部、中部和西部外网的系统运行安全情况对比

2015 年，水利部机关、流域机构和地方的信息系统等级保护情况详见表 3－12，总体来看，全国各单位的二级信息系统数量最多，但是已整改的系统数量和已通过测评的系统数量较总体所占比例普遍较小。

表 3－12　　　　　　　　2015 年水利部机关、流域机构和地方信息系统等级保护情况　　　　　　　　单位：个

类　　别	信息系统总数量				已整改信息系统数量				已通过测评的信息系统数量			
	三级	二级	一级	未定级	三级	二级	一级	未定级	三级	二级	一级	未定级
水利部机关	9	3	0	0	6	3	0	0	6	3	0	0
流域小计	38	57	17	123	27	39	0	0	27	30	0	0
地方小计	64	126	44	64	22	42	3	1	17	62	22	1
全国合计	111	186	61	187	55	84	3	1	50	95	22	1

截至 2015 年年末，全国省级以上水利部门共有 111 个三级信息系统，186 个二级信息系统，61 个一级信息系统，187 个未定级信息系统，其中流域机构的未定级信息系统最多，达到 123 个；地方部门的二级信息系统最多，达到 126 个，详见图 3－9。三级信息系统整改率最高，达到 49.55%，通过测评的比例相对较高，达到 45.04%；而二级信息系统通过测评的比例最高，达到 51.08%，详见表 3－13。

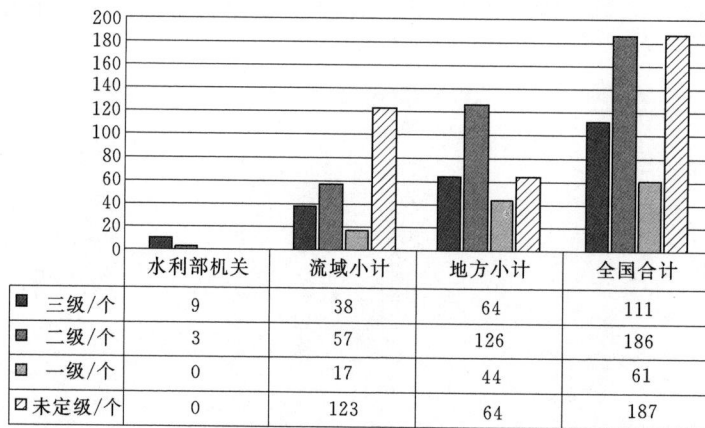

	水利部机关	流域小计	地方小计	全国合计
■ 三级/个	9	38	64	111
■ 二级/个	3	57	126	186
□ 一级/个	0	17	44	61
□ 未定级/个	0	123	64	187

图 3－9　2015 年度水利部、流域机构和各地方部门的信息
系统等级保护分级分布

表 3－13　　　　　　　　2015 年度信息系统等级保护等级整改率和测评率

级　　别	总数量/个	已整改的系统数量/个	整改率/%	已通过测评的系统数量/个	测评率/%
三级信息系统	111	55	49.55	50	45.04
二级信息系统	186	84	45.16	95	51.08
一级信息系统	61	3	4.92	22	36.07
未定级信息系统	187	1	0.53	1	0.53

四、信息采集与工程监控体系

（一）信息采集点

截至 2015 年年末，全国省级以上水利部门能收到数据的各类信息采集点达 181161 处，较 2014 年度的 140482 处增长 28.96%，其中自动采集点为 144693 处，较 2014 年度的 110622 处增长 30.80%，其采集要素与站点数分布见图 4-1。全国自动采集点占全部采集点的比例达到 79.87%，而 2014 年度为 78.74%，自动采集点所占比例有较大提高。在采集要素中，雨量、水位、流量、地下水埋深、水质和其他等要素的总采集点数量较多；雨量、水位、流量、墒情（旱情）和其他要素自动采集点所占其各自总采集点的比例远高于其他类别。

在各种采集要素的总采集点中，东部地区地下水埋深、水保、水质的采集点最多，中部地区墒情（旱情）和其他采集要素的采集点最多，而雨量、水位、流量和蒸发采集点则西部地区多于中东部，详见图 4-2。

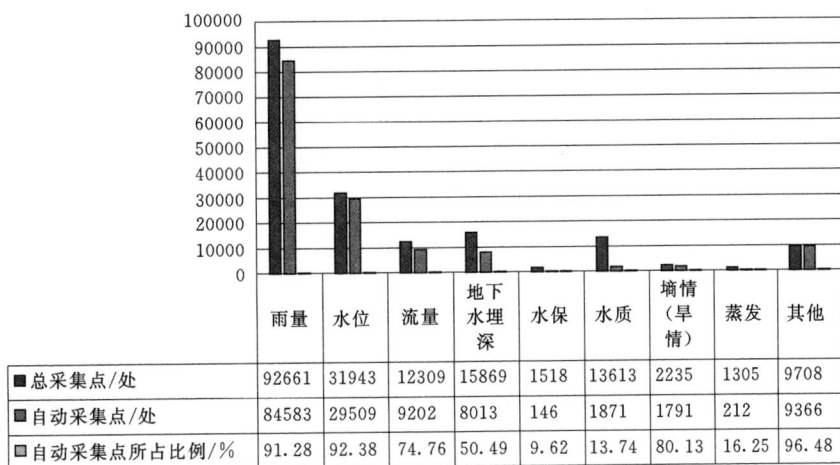

	雨量	水位	流量	地下水埋深	水保	水质	墒情（旱情）	蒸发	其他
总采集点/处	92661	31943	12309	15869	1518	13613	2235	1305	9708
自动采集点/处	84583	29509	9202	8013	146	1871	1791	212	9366
自动采集点所占比例/%	91.28	92.38	74.76	50.49	9.62	13.74	80.13	16.25	96.48

图 4-1　2015 年度信息采集要素的站点分布

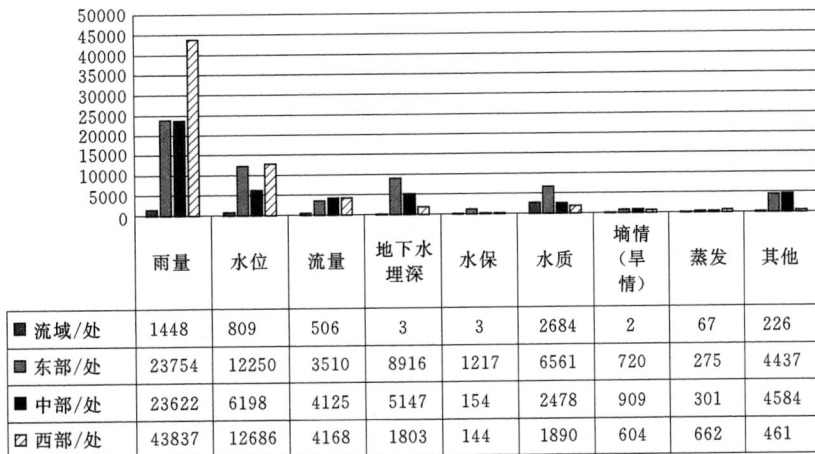

	雨量	水位	流量	地下水埋深	水保	水质	墒情（旱情）	蒸发	其他
流域/处	1448	809	506	3	3	2684	2	67	226
东部/处	23754	12250	3510	8916	1217	6561	720	275	4437
中部/处	23622	6198	4125	5147	154	2478	909	301	4584
西部/处	43837	12686	4168	1803	144	1890	604	662	461

图 4-2　流域机构、东部、中部和西部采集要素的总采集点分布

总体上，流域机构自动采集点较少，西部地区自动采集点比东部和中部地区多。在各种采集要素的自动采集点中，东部地区水位、地下水埋深、水质、墒情和其他的采集要素的自动采集点最多，中部地区雨量、水位、流量、水保、蒸发自动采集点最少，西部地区雨量、流量、水保和蒸发自动采集点最多。详见图 4-3。

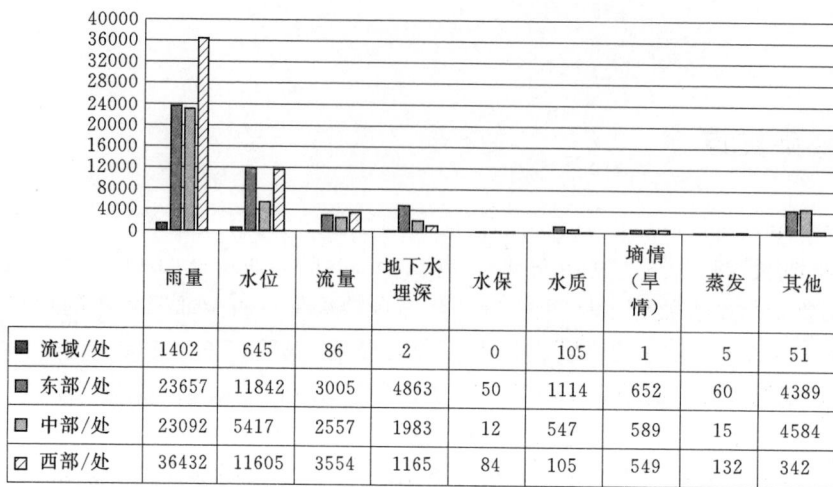

	雨量	水位	流量	地下水埋深	水保	水质	墒情（旱情）	蒸发	其他
■ 流域/处	1402	645	86	2	0	105	1	5	51
■ 东部/处	23657	11842	3005	4863	50	1114	652	60	4389
□ 中部/处	23092	5417	2557	1983	12	547	589	15	4584
▨ 西部/处	36432	11605	3554	1165	84	105	549	132	342

图 4-3　流域机构、东部、中部和西部采集要素的自动采集点分布

流域机构、东部、中部和西部地区的各采集要素的采集点中，自动采集点占各自的总采集点比例详见表 4-1，其中，雨量、水位和墒情（旱情）采集点的自动化比例较高；水保、水质和蒸发采集点的自动化比例较低。

表 4-1　　　　流域机构、东部、中部和西部地区采集要素自动采集点所占比例　　　　%

地　　　域		雨量	水位	流量	地下水埋深	水保	水质	墒情（旱情）	蒸发	其他
流域		96.82	79.73	17.00	66.67	0.00	3.91	50.00	7.46	22.57
地方	东部	99.59	96.67	85.61	54.54	4.11	16.98	90.56	21.82	98.92
	中部	97.76	87.40	61.99	38.53	7.79	22.07	64.80	4.98	100.00
	西部	83.11	91.48	85.27	64.61	58.33	5.56	90.89	19.94	74.19

（二）工程监控

截至 2015 年年末，全国共有信息化的工程监控系统 1665 个；监控点（视频与非视频）共 44420 个，较 2014 年度增长了 39.64%；独立（移动）点共 1124 个，较 2014 年度增长了 36.24%，详见表 4-2。

表 4-2　　　　　监控系统、监控点和独立（移动）点对比　　　　　单位：个

类　　　别		监控系统数	监控点总数	独立（移动）点数
流域小计		267	2592	11
地方	东部	787	17200	293
	中部	173	9887	352
	西部	438	14741	468
	小计	1398	41828	1113
全国合计		1665	44420	1124

截至 2015 年年末，东部地区的监控点总数达到 17200 个，较 2014 年度增长了 50.06％，其总量和增幅均高于中部和西部地区，详见图 4－4。

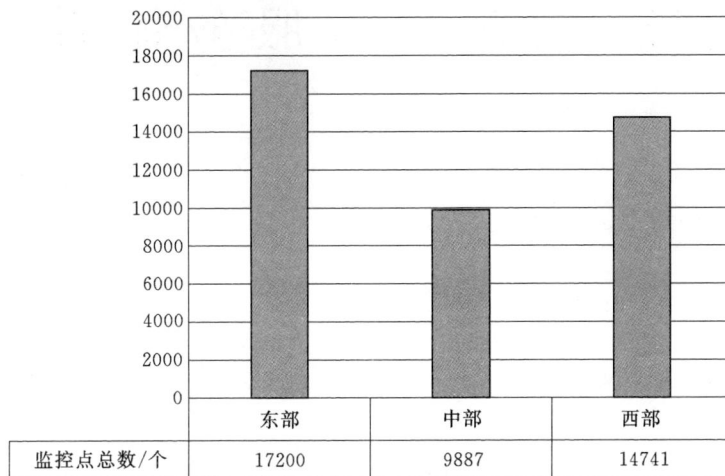

	东部	中部	西部
监控点总数/个	17200	9887	14741

图 4－4　2015 年度东部、中部和西部地区监控点总数

五、资源共享服务体系

（一）数据中心信息服务

截至 2015 年年末，全国省级以上水利部门中有 24 家单位已建立数据中心。数据中心（或数据库系统）信息服务方式中，实现业务系统联机访问和提供授权联机查询的单位相对较多，提供非授权联机下载和提供离线服务的单位较少，其中东部地区已实现的各类数据中心信息服务种类比中部、西部多，详见图 5-1、图 5-2。

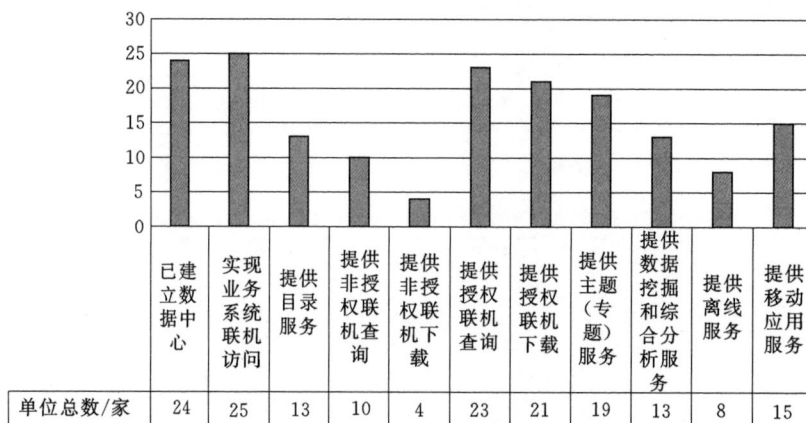

单位总数/家	已建立数据中心	实现业务系统联机访问	提供目录服务	提供非授权联机查询	提供非授权联机下载	提供授权联机查询	提供授权联机下载	提供主题（专题）服务	提供数据挖掘和综合分析服务	提供离线服务	提供移动应用服务
	24	25	13	10	4	23	21	19	13	8	15

图 5-1 2015 年全国水利数据中心（数据库）信息服务方式

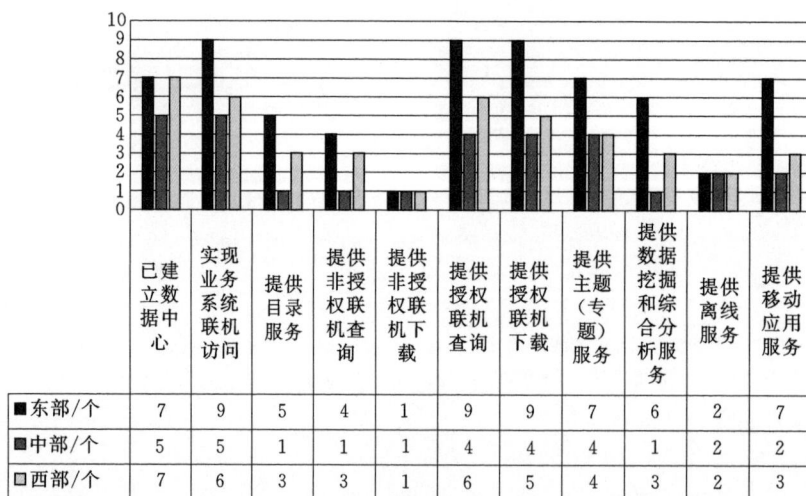

	已建立数据中心	实现业务系统联机访问	提供目录服务	提供非授权联机查询	提供非授权联机下载	提供授权联机查询	提供授权联机下载	提供主题（专题）服务	提供数据挖掘和综合分析服务	提供离线服务	提供移动应用服务
■东部/个	7	9	5	4	1	9	9	7	6	2	7
■中部/个	5	5	1	1	1	4	4	4	1	2	2
□西部/个	7	6	3	3	2	6	5	4	3	2	3

图 5-2 2015 年东部、中部、西部数据中心（数据库）信息服务方式

（二）门户服务应用

在门户服务应用中，2015 年度全国省级以上水利部门中有 30 家单位已建立统一的门户服务支撑

系统，有 36 家已建立统一的对外服务门户网站，有 28 家已建立统一的对内服务门户网站，但实现基于门户服务的移动业务应用集成和应急管理业务应用集成的单位仅有 12 家和 10 家，东部地区门户服务应用普遍好于中部、西部地区。2015 年全国门户服务应用情况见图 5-3，2015 年东部、中部、西部门户服务应用情况见图 5-4。

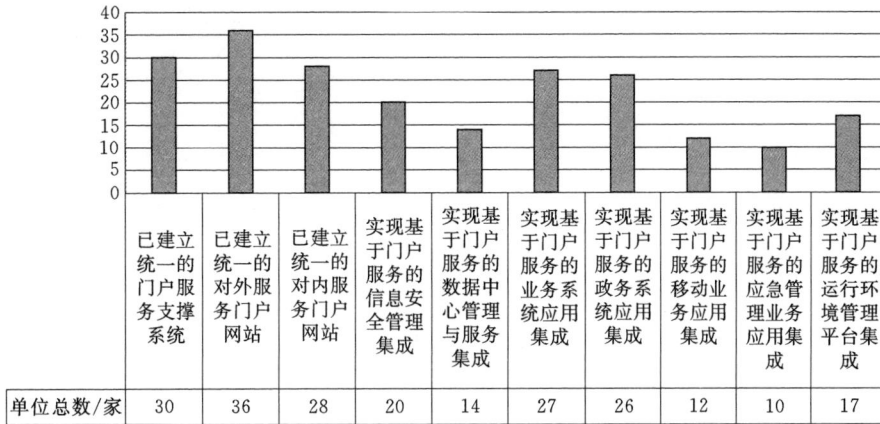

	已建立统一的门户服务支撑系统	已建立统一的对外服务门户网站	已建立统一的对内服务门户网站	实现基于门户服务的信息安全管理集成	实现基于门户服务的数据中心管理与服务集成	实现基于门户服务的业务系统应用集成	实现基于门户服务的政务系统应用集成	实现基于门户服务的移动业务应用集成	实现基于门户服务的应急管理业务应用集成	实现基于门户服务的运行环境管理平台集成
单位总数/家	30	36	28	20	14	27	26	12	10	17

图 5-3　2015 年全国门户服务应用情况

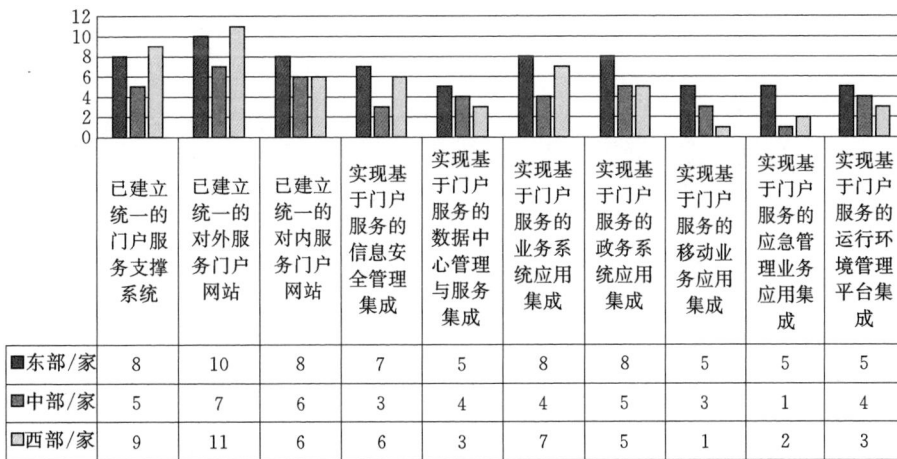

	已建立统一的门户服务支撑系统	已建立统一的对外服务门户网站	已建立统一的对内服务门户网站	实现基于门户服务的信息安全管理集成	实现基于门户服务的数据中心管理与服务集成	实现基于门户服务的业务系统应用集成	实现基于门户服务的政务系统应用集成	实现基于门户服务的移动业务应用集成	实现基于门户服务的应急管理业务应用集成	实现基于门户服务的运行环境管理平台集成
■东部/家	8	10	8	7	5	8	8	5	5	5
■中部/家	5	7	6	3	4	4	5	3	1	4
□西部/家	9	11	6	6	3	7	5	1	2	3

图 5-4　2015 年东部、中部、西部门户服务应用情况

（三）数据库建设

截至 2015 年年末，省级以上水利部门正常提供服务的数据库达 1459 个，比 2014 年增长 47.4%，数据库存储的各类结构化数据总量达 985036.84GB。流域机构和西部地区数据库个数分别占全国的 40% 和 16%，为 588 个和 229 个；东部和中部地区数据库库存总数据量分别占全国的 20% 和 22%，详见图 5-5、图 5-6。

另据统计，截至 2015 年年末，全国省级以上水利部门存储并正常应用的非结构化数据（大文本文件、影像、图形图片等）总量达到 661096.90GB，其分布见图 5-7。

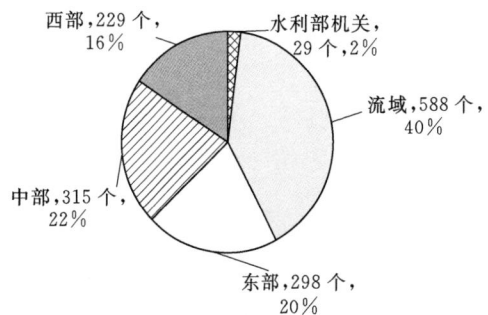

图 5-5　水利部机关、流域、东中西部数据库数量

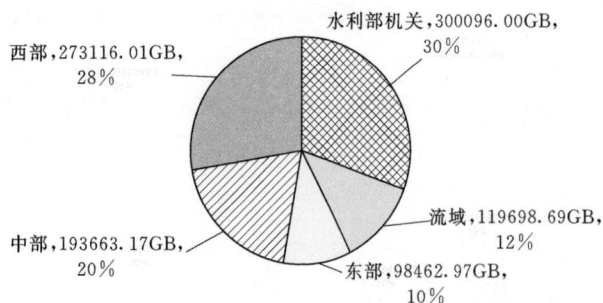

图 5-6 水利部机关、流域、东中西部
数据库库存数据总量

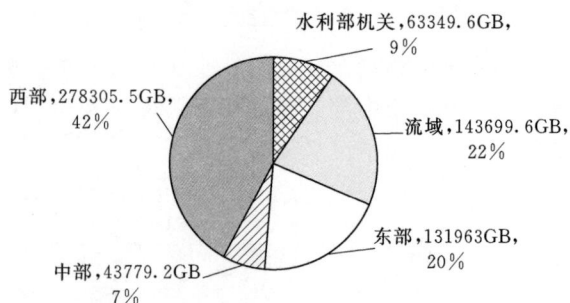

图 5-7 水利部机关、流域、东中西部非
结构化数据总量分布

（四）业务支撑能力

全国省级以上水利部门有 29 家单位的数据中心（或数据库系统）能支撑防汛抗旱指挥与管理系统，有 28 家能支撑水资源监测与管理系统，有 25 家能支撑水文业务管理系统；能支撑水利水电工程移民安置与管理系统、农村水电业务管理系统的分别只有 12 家、11 家，能支撑水政监察管理系统的只有 13 家，能支撑水利应急管理系统的只有 15 家，发展相对较慢，详见图 5-8。各区域业务支撑情况分布见图 5-9。

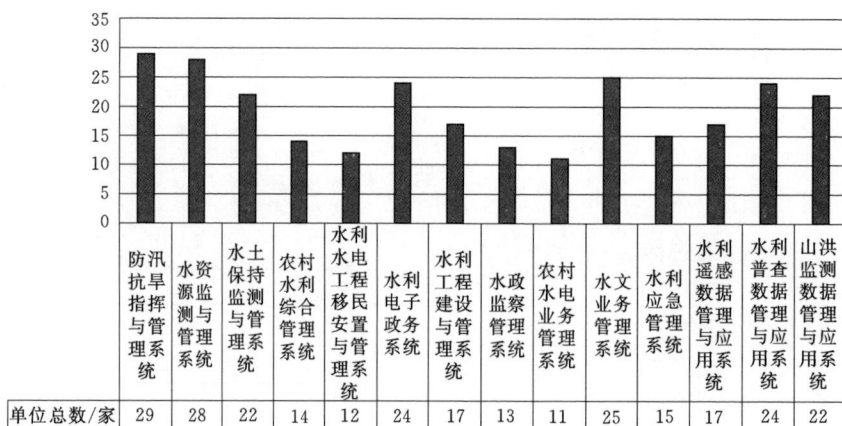

	防汛抗旱指挥与管理系统	水资源监测与管理系统	水土保持监测与管理系统	农村水利综合管理系统	水利水电工程移民安置与管理系统	水利电子政务系统	水利工程建设与管理系统	水政监察管理系统	农村水电业务管理系统	水文业务管理系统	水利应急管理系统	水利遥感数据管理与应用系统	水利普查数据管理与应用系统	山洪监测数据管理与应用系统
单位总数/家	29	28	22	14	12	24	17	13	11	25	15	17	24	22

图 5-8 全国省级以上水利部门水利业务支撑情况

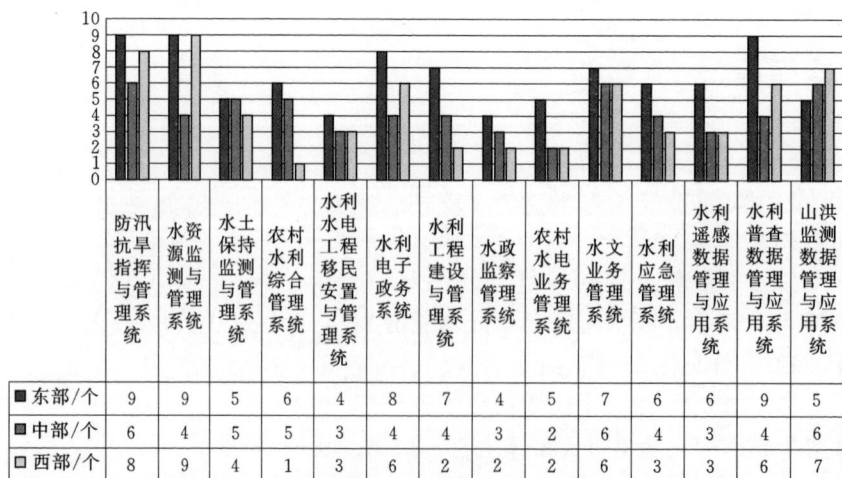

	防汛抗旱指挥与管理系统	水资源监测与管理系统	水土保持监测与管理系统	农村水利综合管理系统	水利水电工程移民安置与管理系统	水利电子政务系统	水利工程建设与管理系统	水政监察管理系统	农村水电业务管理系统	水文业务管理系统	水利应急管理系统	水利遥感数据管理与应用系统	水利普查数据管理与应用系统	山洪监测数据管理与应用系统
东部/个	9	9	5	6	4	8	7	4	5	7	6	6	9	5
中部/个	6	4	5	5	3	4	4	3	2	6	4	3	4	6
西部/个	8	9	4	1	3	6	2	2	2	6	3	3	6	7

图 5-9 东部、中部、西部业务支撑情况

六、综合业务应用体系

（一）水利网站

截至 2015 年年末，全国省级以上水利部门所属的单位总数和有网站的单位数分别为 2878 个和 1368 个；2015 年的建站率达到 47.53%。水利部和流域机构的建站率分别达到 100.00% 和 37.57%。东部地区的建站率为 52.02%，西部地区建站率较低，详见表 6-1。

表 6-1　　　　　　　　　　　　网 站 建 设 情 况

分　类		单位总数/个	有网站的单位数/个	建站率/%
水利部机关		42	42	100.00
流域小计		173	65	37.57
地方	东部	792	412	52.02
	中部	1197	617	51.55
	西部	672	231	34.38
	地方小计	2661	1260	47.35
全国合计		2878	1368	47.53

2015 年，各级水行政主管部门的网站建设发展迅速，但是各地区间仍然存在差距。其中东部地区的建站率相对最高，中部和西部地区建站率相对偏低，详见图 6-1。

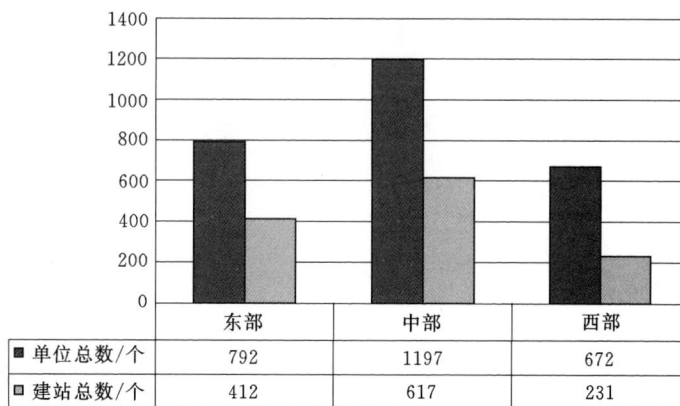

	东部	中部	西部
■ 单位总数/个	792	1197	672
□ 建站总数/个	412	617	231

图 6-1　东部、中部和西部地区水利网站建设情况

（二）门户网站运维管理

截至 2015 年年末，全国水行政主管部门门户网站专职运维人员为 129 人，网站年信息更新量达到 177227 条，网站年新增专题 191 个，详见表 6-2。

表 6－2　　　　　　　　2015 年度水利部机关、流域机构和地方网站运维管理

分　类		专职运维人数/人	网站年信息更新量/条	网站年新增专题量/个
水利部机关		8	31000	26
流域小计		36	32966	39
地方	东部	33	44814	35
	中部	23	32506	47
	西部	29	35941	44
	小计	85	113261	126
全国合计		129	177227	191

　　截至 2015 年年末，全国水行政主管部门门户网站运维管理总体发展较好，其中自行运行维护的单位有 24 家，自行管理服务器的单位有 26 家，设有信息发布审核制度的单位达 34 家，详见图 6－2。东部、中部和西部地区门户网站运维管理发展比较均衡，详见图 6－3。

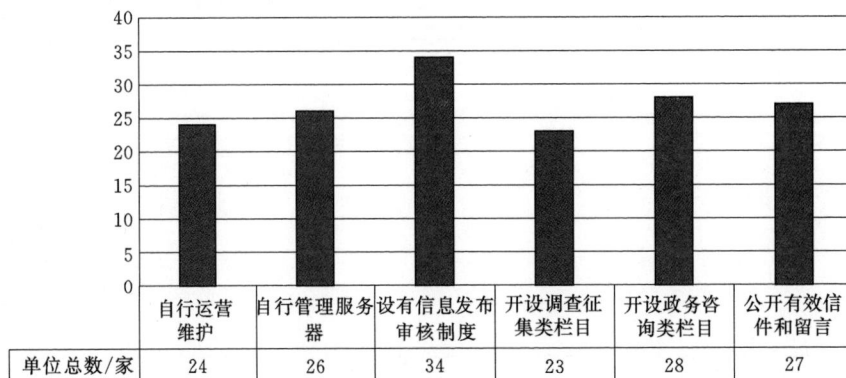

	自行运营维护	自行管理服务器	设有信息发布审核制度	开设调查征集类栏目	开设政务咨询类栏目	公开有效信件和留言
单位总数/家	24	26	34	23	28	27

图 6－2　门户网站运维管理

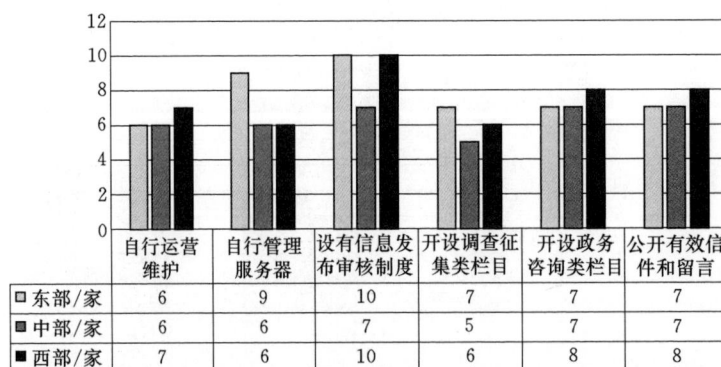

	自行运营维护	自行管理服务器	设有信息发布审核制度	开设调查征集类栏目	开设政务咨询类栏目	公开有效信件和留言
东部/家	6	9	10	7	7	7
中部/家	6	6	7	5	7	7
西部/家	7	6	10	6	8	8

图 6－3　东部、中部和西部地区门户网站运维管理

（三）行政许可网上办理

　　截至 2015 年年末，全国省级以上水利部门的行政许可共计 911 项，其中 911 项在网站公开及介绍，686 项可网上办理。全国平均行政许可网上办理比例为 75.30％。流域、地方能够在网上办理的行政许可率均已过半，各级水行政主管部门的行政许可网上办理情况详见表 6－3。

表 6 - 3　　　　　　　　　　　　　　2015 年行政许可网上办理情况　　　　　　　　　　　　单位：项

类别	行政许可项数	网站公开及介绍的行政许可项数	能够在网上办理的行政许可项数	能够在网上办理的行政许可项数所占比率/%
水利部机关	10	10	10	100.00
流域小计	78	78	65	83.33
地方小计	821	821	611	74.45
全国合计	911	911	686	75.30

（四）办公系统

截至 2015 年年末，全国 40 家省级以上水利部门中，有 30 家已经在本单位内部实现了公文流转无纸化，详见表 6 - 4、图 6 - 4 和图 6 - 5。

表 6 - 4　　　　　　　　　　　　　　2015 年全国水利信息化办公能力

分类		本单位内部实现了公文流转无纸化/家	本单位与上级领导机关之间实现了公文流转无纸化/家	上级水利行业领导机关的单位总数/家	与本单位之间实现了公文流转无纸化的上级水利行业领导机关单位数/家	上级水利行业领导机关与本单位内部公文无纸化实现率/%	与本单位间实现了公文流转无纸化的直属单位数/家	下级水行政主管部门单位总数/家	与本单位间实现了公文流转无纸化的下级水行政主管部门单位数/家	下级水行政主管部门与本单位内部公文无纸化实现率/%
水利部机关		1					17		37	
流域小计		7	7	7	7	100.00	36	11	7	63.64
地方	东部	8	5	17	8	47.06	132	311	52	16.72
	中部	5	5	15	3	20.00	69	90	58	64.44
	西部	9	8	26	12	46.15	98	418	113	27.03
	小计	23	18	58	23	39.66	299	819	223	27.22
全国小计		31	25	65	30	46.15	352	830	267	32.17

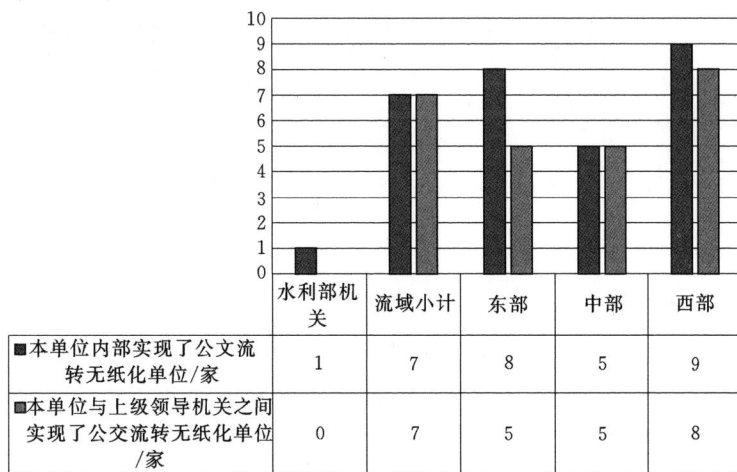

	水利部机关	流域小计	东部	中部	西部
■本单位内部实现了公文流转无纸化单位/家	1	7	8	5	9
■本单位与上级领导机关之间实现了公交流转无纸化单位/家	0	7	5	5	8

图 6 - 4　2015 年公文流转无纸化统计

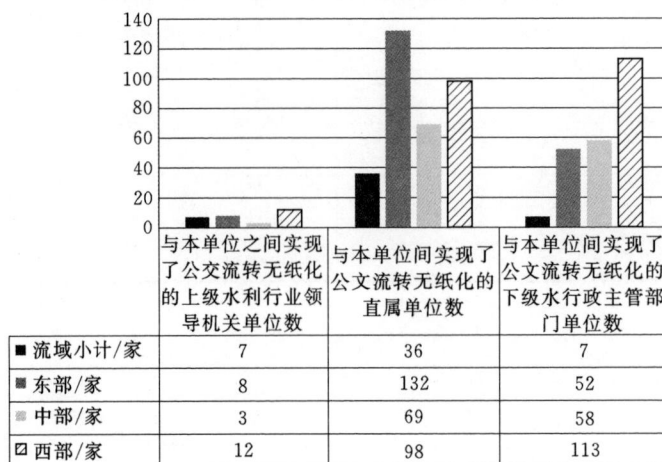

	与本单位之间实现了公交流转无纸化的上级水利行业领导机关单位数	与本单位间实现了公文流转无纸化的直属单位数	与本单位间实现了公文流转无纸化的下级水行政主管部门单位数
■ 流域小计/家	7	36	7
■ 东部/家	8	132	52
▨ 中部/家	3	69	58
▨ 西部/家	12	98	113

图 6-5 2015 年流域机构、东部、中部和西部
单位公文无纸化对比

（五）业务应用系统

2015 年，水利业务应用系统发展仍不够均衡，其中防汛抗旱指挥与管理系统、水资源监测与管理系统、水土保持监测与管理系统、水利电子政务系统、水文业务管理系统、水利普查数据管理与应用系统和山洪监测数据管理与应用系统发展水平较高；水利水电工程移民安置与管理系统、农村水电业务管理系统和水利应急管理系统应用较少，分别只有 15 家、16 家和 14 家单位配置了相应系统，详见图 6-6。水利业务应用系统覆盖率最高的为防汛抗旱指挥与管理系统和水利电子政务系统，高达 97.5％，水利水电工程移民安置与管理系统、农村水电业务管理系统和水利应急管理系统覆盖率较低，分别为 37.5％、40.0％和 35％，详见图 6-7。

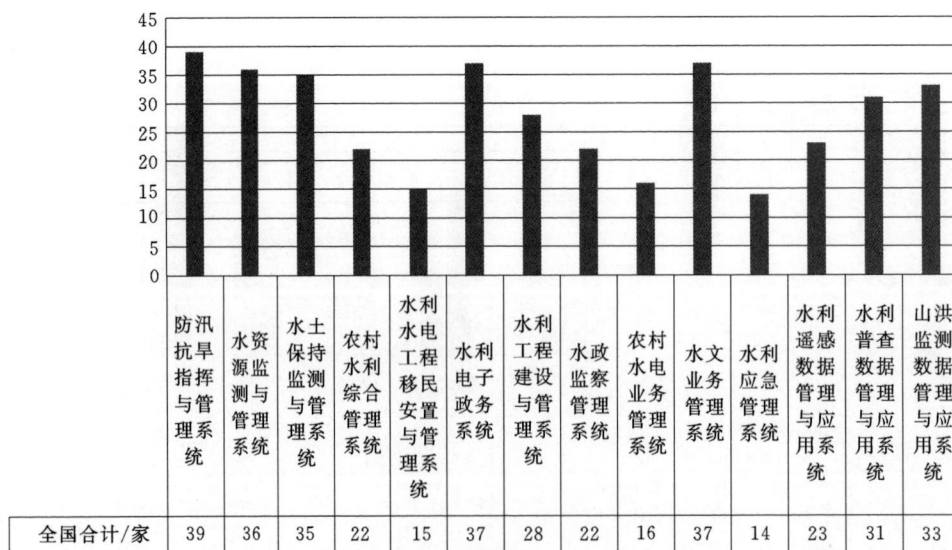

	防汛抗旱指挥与管理系统	水资源监测与管理系统	水土保持监测与管理系统	农村水利综合管理系统	水利水电工程移民安置与管理系统	水利电子政务系统	水利工程建设与管理系统	水政监察管理系统	农村水电业务管理系统	水文业务管理系统	水利应急管理系统	水利遥感数据管理与应用系统	水利普查数据管理与应用系统	山洪监测数据管理与应用系统
全国合计/家	39	36	35	22	15	37	28	22	16	37	14	23	31	33

图 6-6 2015 年水利业务应用系统情况

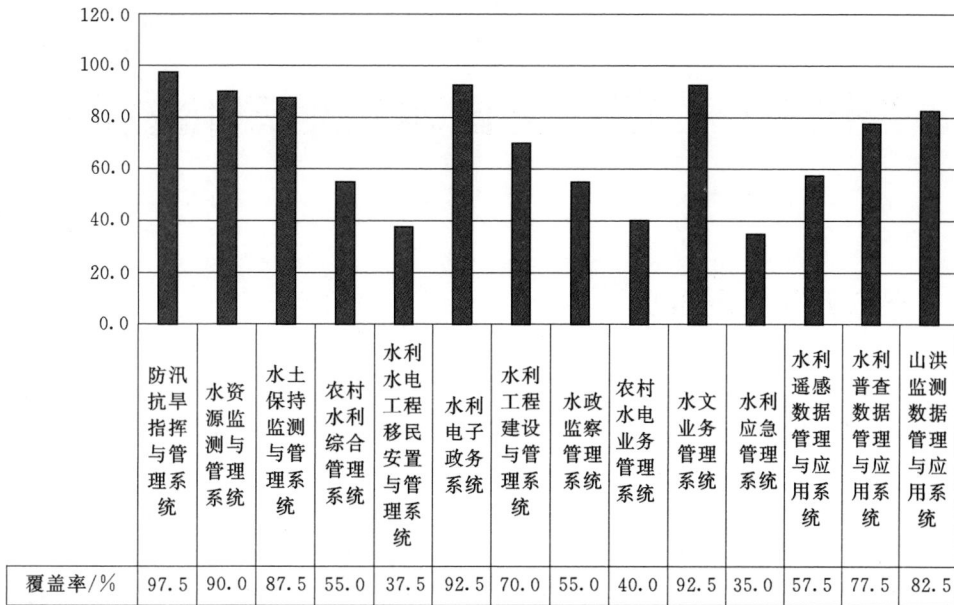

覆盖率/%	97.5	90.0	87.5	55.0	37.5	92.5	70.0	55.0	40.0	92.5	35.0	57.5	77.5	82.5

图 6-7　2015 年水利业务应用系统的覆盖率

2015 年，水利业务应用系统在东部、中部和西部地区之间的发展不均衡，总体上东部和西部地区较高；在各自区域内水利业务应用系统的发展也不均衡，详见图 6-8。

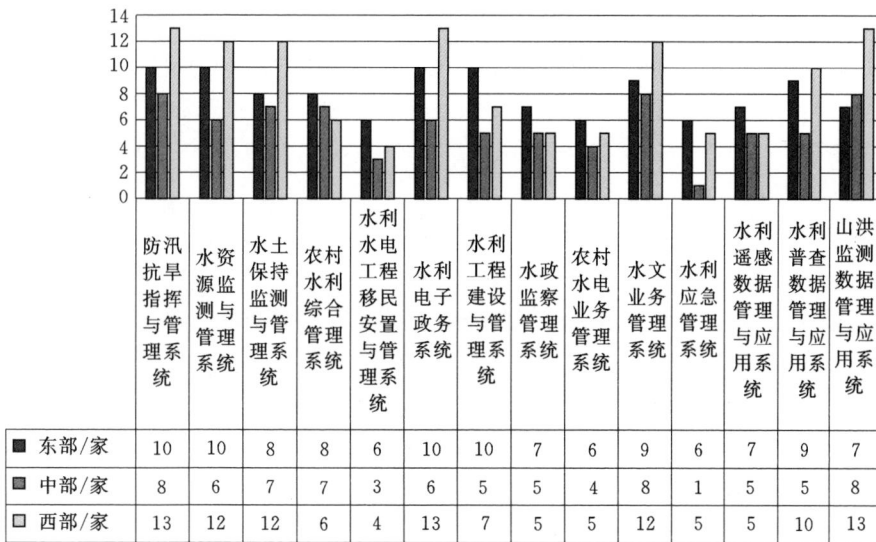

	防汛抗旱指挥与管理系统	水资源监测与管理系统	水土保持监测与管理系统	农村水利综合管理系统	水利水电工程移民安置与管理系统	水利电子政务系统	水利工程建设与管理系统	水政监察管理系统	农村水电业务管理系统	水文业务管理系统	水利应急管理系统	水利遥感数据管理与应用系统	水利普查数据管理与应用系统	山洪监测数据管理与应用系统
东部/家	10	10	8	8	6	10	10	7	6	9	6	7	9	7
中部/家	8	6	7	7	3	6	5	5	4	8	1	5	5	8
西部/家	13	12	12	6	4	13	7	5	5	12	5	5	10	13

图 6-8　2015 年东部、中部和西部单位水利业务应用系统对比

七、"十二五"期间全国水利信息化发展概况

（一）"十二五"发展概况

近年来，特别是"十二五"期间，全国水利系统深入贯彻落实中央"四化同步"的战略部署，按照水利部党组提出的"以水利信息化带动水利现代化"的总体要求，秉承"规划引领、协同推进、需求驱动、资源共享、建管并重、确保安全"的基本原则，紧紧围绕水利中心工作，全面推进水利信息化建设，有序实施了"金水工程"中的重点建设任务，初步形成了由水利信息化基础设施、水利业务应用和水利信息化保障环境组成的水利信息化综合体系，有力支撑了各项水利工作，在改造传统水利、发展民生水利、提高水利管理能力和服务水平以及推动水利部门转变职能等方面发挥了不可替代的重要作用。水利信息化已成为我国水利现代化的基础支撑和重要标志。根据对2011—2015年中国水利信息化发展报告统计指标的分析，全国水利信息化"十二五"期间的发展特点主要体现在"项目前期工作逐年加强、运维保障条件不断改善、项目投资力度显著加大、专业人才队伍持续充实、系统运行环境稳步完善、信息采集能力快速提高、资源共享服务持续推进、业务应用效益连年递增"等八个主要方面。

据不完全统计，"十二五"期间，全国省级以上水利部门编制的信息化项目前期文档、标准规章等共计多达1039项，新建信息化项目1020项以上，计划总投资达107.34亿元，年度总投资从2011年的10.61亿元增加到2015年的36.63亿元，增长245%，验收项目684项，信息化部门参与验收572项。从事水利信息化工作的人数达到3683人，较2011年的2515人增长46%，水利信息系统专职运行维护人数从2011年的1479人增加到2015年的2469人，增长67%，落实的运行维护总经费达13.59亿元，年度运行维护总经费从1.82亿元增加到3.77亿元，增长107%。

"十二五"期间，全国省级以上水利部门服务器套数、联网计算机台数和人均联网计算机台数分别从2011年的3053套、71069台和0.91台增加到2015年的5474套、91384台和1.16台，分别增长79%、29%和27%。水利部与流域机构、省级水行政主管部门政务外网实现100%联通，省级与地市、县级联通率分别从2011年的87.28%和52.07%提高到2015年的95.95%和76.28%。异地会商视频会议系统水利部与流域机构、省级实现100%联通，省级水利部门中接入视频会议系统的直属单位数、地市数和县市数分别从2011年的170个、371个和1251个增加到2015年的290个、399个和1906个，其中直属单位和县市的接入率增长较大。2011—2015年，省级以上水利部门共组织异地会商和视频会议4249次，参会人员超过99万人次。移动应急网络信息终端从5723台增加到11588台，增长102%。

"十二五"期间，全国已配置的水利卫星小站从2011年的169个增加到2015年的1008个，增长496%，其他卫星设施从638增加到4275套，增长570%，便携式卫星小站从16套增加到46套，增长188%，应急通信车从17辆（动中通3辆、静中通14辆）增加到33辆（动中通9辆、静中通24辆），增长94%，无线宽带接入终端从2001个增加到2487个，增长24%，集群通信终端从1171个增加到7160个，增长511%，其他通信手段（超短波等）站数从1065个增加到6820个，增长540%。

"十二五"期间，全国省级以上水利部门配备的数据储存能力从2011年的1804TB增加到2015年的8887TB，增长392.6%。2015年已存储并正常应用的非结构化数据（大文本文件、影像、图形

图片等)总量达到 646TB,数据库库存(结构化数据)总量达到 985036.84GB,较 2011 年度的 261899.45GB 增长 276%,结构化和非结构化数据总量达到 1.57PB,数据库个数据从 600 个增加到 1459 个,增长 143%,省级以上水利部门建成的水利数据中心从 2011 年的 11 个增加到 2015 年的 24 个,增长 118%。

"十二五"期间,全国省级以上水利部门能接收到信息的采集站点总数从 2011 年的 78720 处增加 到 2015 年的 181161 处,增长 130%,其中自动采集站点从 44460 处增加到 144693 处,增长 225%,增幅明显高于同期总站点数增幅,自动采集站点占总站点的比例也从 56% 提高到了 80%,表明采集 系统的自动化和信息化程度有了明显提高。应急移动信息采集设备从 355 套增加到 7093 套,增长到 近 20 倍。工程监控点从 16098 个增加到 44420 个,增长 176%。

"十二五"期间,全国省级以上水利部门防汛抗旱指挥与管理等十四类业务应用系统在各部门的 平均覆盖率从 2011 年的 50.71% 提高到 2015 年的 69.29%,其中,防汛抗旱指挥类应用覆盖率达到 97.50%、水文业务管理类和电子政务类达到 92.50%、水资源管理类达到 90%,能在网上办理的行 政许可项比例从 56.41% 提高到 75.30%。

"十二五"期间,云(计算)、物(联网)、大(数据)、智(慧城市)、互(联网+)为代表的新 技术在水利行业的应用也已经起步。到 2015 年年末,全国水利部门建设了基于物联网技术的应用系 统 13 套,移动感知器总数达 4661 个,移动标签 1960 个。上云的应用 5 个,上云的数据总量达 182.9GB,其中,浙江省水利厅部署在阿里云上的"台风路径实时发布系统"创造了单日访问人次高 达 1430 万次的记录。建立了 9 个大数据应用平台,平台的数据总量达到 25238.5GB。建立了 41 套移 动应用系统,可并发处理的用户数达到 23270 个,日最高访问人次达到 13674 次。

(二)"十二五"期间主要发展指标年度对比

1. 项目前期工作逐年加强

"十二五"期间,全国省级以上水利部门组织完成的项目前期工作逐年增加。2015 年度全国省级 以上水利部门共编制各种前期工作文档、标准规范与管理制度总数最多,达到 299 个,比 2011 年增 加 125 个,"十二五"期间情况对比详见图 7-1。

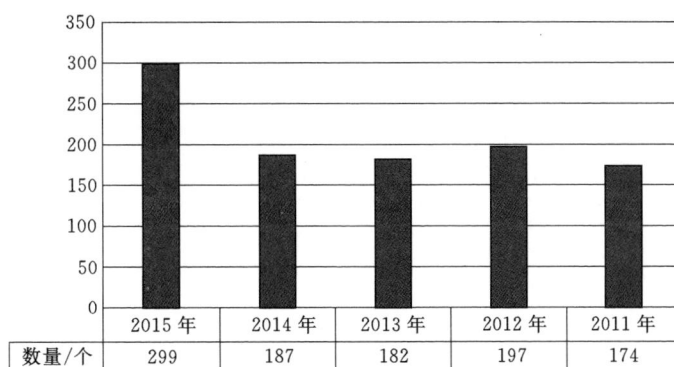

	2015 年	2014 年	2013 年	2012 年	2011 年
数量/个	299	187	182	197	174

图 7-1 "十二五"期间前期工作、标准规范与管理制度对比

2. 运维保障条件不断改善

"十二五"期间,全国省级以上水利部门中的水利信息系统运维保障条件得到不断改善。2015 年 度,全国水利信息化运行维护能力得到进一步增强,专职运行维护人数、运行维护总经费和专项维护 经费较 2014 年均呈增长趋势,2015 年的全国省级以上水利部门中的水利信息系统专职运维人数较 2011 年增加了 990 人,运行维护总经费较 2011 年增加 19515.56 万元,专项维护经费较 2011 年增加

12619.90 万元。"十二五"期间情况对比详见图 7-2～图 7-4。

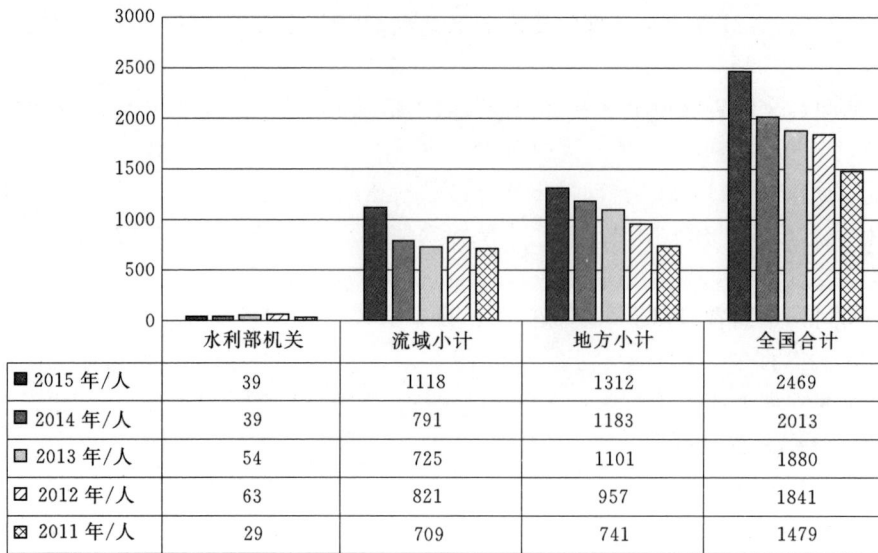

	水利部机关	流域小计	地方小计	全国合计
■ 2015 年/人	39	1118	1312	2469
■ 2014 年/人	39	791	1183	2013
□ 2013 年/人	54	725	1101	1880
▨ 2012 年/人	63	821	957	1841
▩ 2011 年/人	29	709	741	1479

图 7-2 "十二五"期间信息系统专职运行维护人数对比

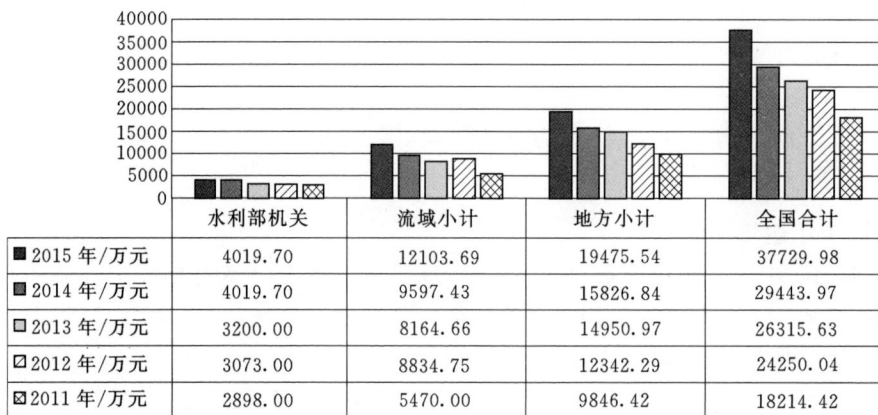

	水利部机关	流域小计	地方小计	全国合计
■ 2015 年/万元	4019.70	12103.69	19475.54	37729.98
■ 2014 年/万元	4019.70	9597.43	15826.84	29443.97
□ 2013 年/万元	3200.00	8164.66	14950.97	26315.63
▨ 2012 年/万元	3073.00	8834.75	12342.29	24250.04
▩ 2011 年/万元	2898.00	5470.00	9846.42	18214.42

图 7-3 "十二五"期间信息系统运行维护总经费对比

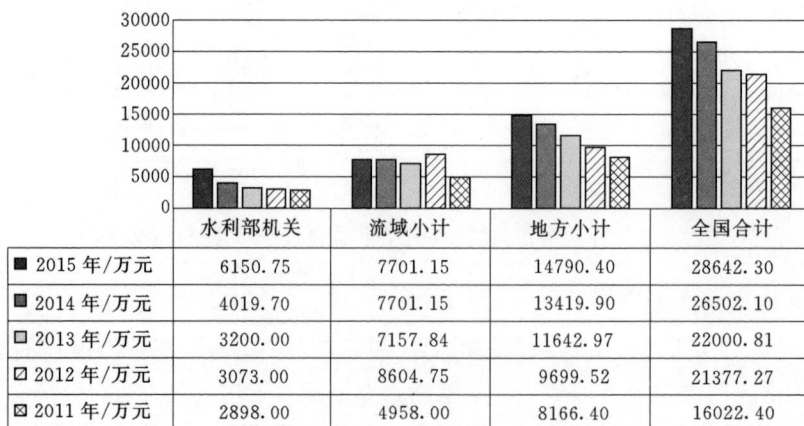

	水利部机关	流域小计	地方小计	全国合计
■ 2015 年/万元	6150.75	7701.15	14790.40	28642.30
■ 2014 年/万元	4019.70	7701.15	13419.90	26502.10
□ 2013 年/万元	3200.00	7157.84	11642.97	22000.81
▨ 2012 年/万元	3073.00	8604.75	9699.52	21377.27
▩ 2011 年/万元	2898.00	4958.00	8166.40	16022.40

图 7-4 "十二五"期间信息系统专项维护经费对比

3. 项目投资力度显著加大

"十二五"期间,全国省级以上水利部门的年度新建项目的个数在逐年增加,年度项目投资总额也呈逐年增大。2015 年度,全国省级以上水利部门主持新建的信息化项目共计 246 个,较 2011 年增加了 113 个,"十二五"期间情况对比详见图 7-5。2015 年度新建项目计划投资总额为 366312.17 万元,较 2011 年增加 260230.35 万元,"十二五"期间情况对比详见表 7-1、表 7-2。

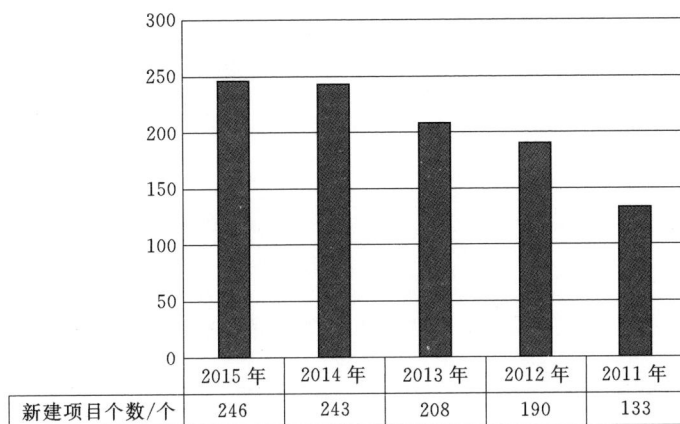

	2015 年	2014 年	2013 年	2012 年	2011 年
新建项目个数/个	246	243	208	190	133

图 7-5 "十二五"期间省级以上水行政主管
部门新建信息项目总数对比

表 7-1   "十二五"期间水利信息化新建项目中计划投资汇总表   单位:万元

投资分项	2015 年	2014 年	2013 年	2012 年	2011 年
中央总投资	134110.43	213164.85	118907.41	52438.81	37549.71
地方总投资	175838.94	73564.71	78609.737	41686.39	65098.98
其他总投资	56362.80	7826.80	4309.06	10519.74	3433.13
合计	366312.17	294556.36	201826.21	104644.94	106081.82

表 7-2   "十二五"期间水利信息化新建项目中计划投资汇总表(按主持部门分类)   单位:万元

主持部门分项	2015 年	2014 年	2013 年	2012 年	2011 年
水利部主持的新建项目投资总额	3032.20	15775.62	121301.00	4514.00	3900.00
流域机构主持的新建项目投资总额	3850.40	15282.08	8027.00	21775.23	2358.47
地方水利部门主持的新建项目投资总额	359429.57	263498.67	72498.21	78355.71	99823.35
合计	366312.17	294556.37	201826.21	104644.94	106081.82

"十二五"期间,全国省级以上水行政主管部门验收的项目总数总体呈增加趋势,信息化部门参加验收比例的均保持在 80% 以上。2015 年度全国省级以上水行政主管部门验收项目总计 186 个,较 2011 年增加 80 个,信息化部门参与验收 149 个,较 2011 年增加了 54 个,验收项目总数与参与验收的项目数均为 5 年最高,"十二五"期间情况对比见图 7-6。

4. 专业人才队伍持续充实

"十二五"期间,全国省级以上水利部门中的信息化专业人才队伍持续充实,全国从事水利信息化人员在"十二五"后期发展迅速。2015 年度,全国从事水利信息化工作的人数达到 3683 人,较 2011 年增加 46.44%,流域机构及地方水利部门中的信息化从业人数总体上呈增加趋势,"十二五"期间情况见图 7-7。

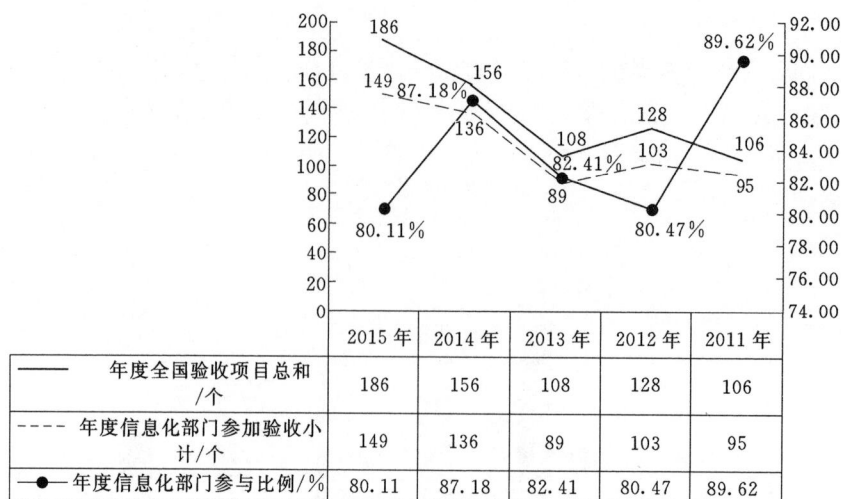

	2015 年	2014 年	2013 年	2012 年	2011 年
——— 年度全国验收项目总和/个	186	156	108	128	106
----- 年度信息化部门参加验收小计/个	149	136	89	103	95
——●— 年度信息化部门参与比例/%	80.11	87.18	82.41	80.47	89.62

图 7-6 "十二五"期间省级以上水行政主管部门项目验收情况对比

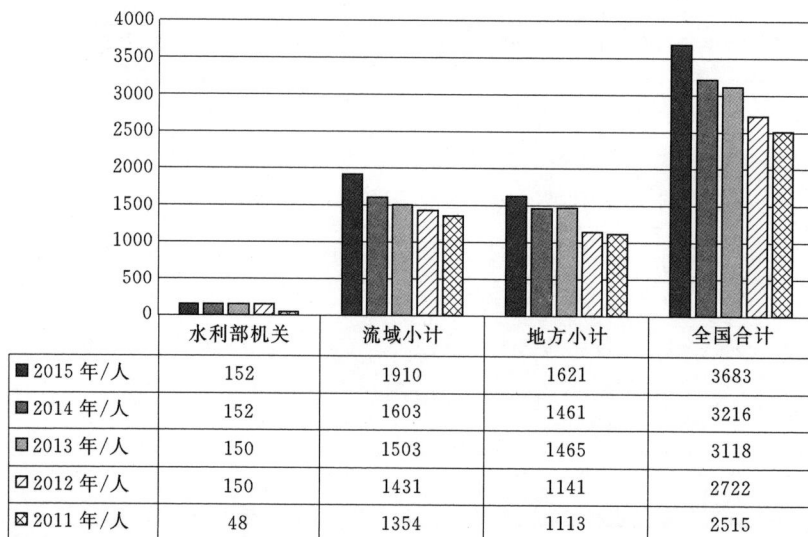

	水利部机关	流域小计	地方小计	全国合计
■ 2015 年/人	152	1910	1621	3683
■ 2014 年/人	152	1603	1461	3216
■ 2013 年/人	150	1503	1465	3118
▨ 2012 年/人	150	1431	1141	2722
⊠ 2011 年/人	48	1354	1113	2515

图 7-7 "十二五"期间从事信息化工作的人数情况

5. 系统运行环境稳步完善

"十二五"期间，全国水利信息系统运行环境稳步完善，省级以上水利部门中的网络联网计算机、服务器规模和人均计算及数量均在逐年增加，2015 年度的服务器套数较 2011 年增加 2421 套，联网计算机台数较 2011 年增加 20315 台，人均计算机数量增加 0.25 台。"十二五"期间情况对比见表 7-3。

表 7-3　　　　　"十二五"期间水利信息网络联网计算机和服务器规模对比

指 标 名 称	2015 年	2014 年	2013 年	2012 年	2011 年
服务器/套	5474	4567	3511	3273	3053
联网计算机/台	91384	84503	79551	74964	71069
人均计算机数量/(台/人)	1.16	1.03	1.01	0.96	0.91

移动应急网络方面，移动信息终端、移动信息采集设备总体上在逐年增加，2015 年度增幅最大，分别达到 71.32% 和 492.07%。较 2011 年分别增加 5865 台和 6738 套。"十二五"期间情况对比见表7-4。

表 7-4   **"十二五"期间移动及应急网络情况对比**

年 份	移动信息终端/台	移动信息采集设备/套
2015 年	11588	7093
2014 年	6764	1198
2013 年	6733	1469
2012 年	6744	899
2011 年	5723	355

"十二五"期间，全国省级以上水利部门存储能力和数据库库存总数据量大幅度增长，全国省级以上水利部门储存能力达到 9100476.56GB，比 2011 年度的 1847261.5GB 增长 392.65%。详见图 7-8。

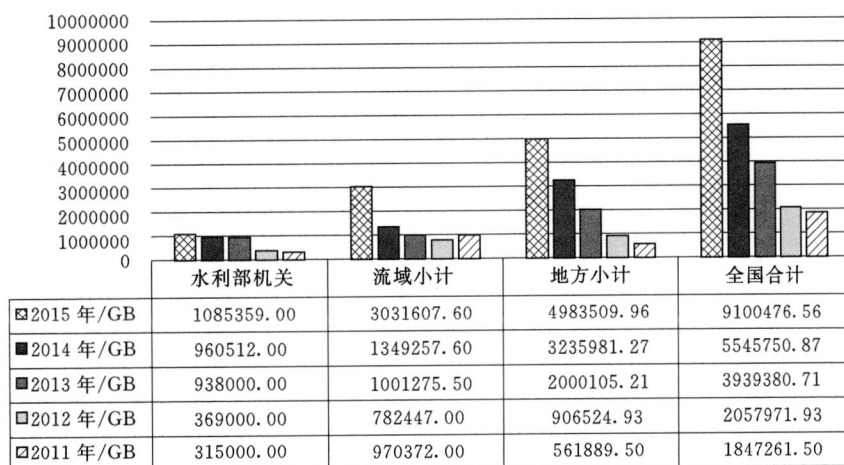

	水利部机关	流域小计	地方小计	全国合计
2015 年/GB	1085359.00	3031607.60	4983509.96	9100476.56
2014 年/GB	960512.00	1349257.60	3235981.27	5545750.87
2013 年/GB	938000.00	1001275.50	2000105.21	3939380.71
2012 年/GB	369000.00	782447.00	906524.93	2057971.93
2011 年/GB	315000.00	970372.00	561889.50	1847261.50

图 7-8   "十二五"期间总存储能力对比

"十二五"期间，全国省级以上水利部门的内网联通率、外网联通率及联入视频会议系统规模，分别详见表 7-5~表 7-7。

表 7-5   **"十二五"期间内网联通率对比**   %

年份	水利部		流域机构		省级水利部门		
	直属单位	下属单位	直属单位	下属单位	直属单位	地（市）	县（市）
2015 年	38.46	17.95	41.46	9.59	47.80	63.23	46.82
2014 年	38.46	17.95	46.43	0.00	40.40	52.69	39.57
2013 年	64.29	17.95	46.34	0.00	54.64	58.84	65.05
2012 年	42.86	17.95	43.53	0.00	55.53	50.62	38.28
2011 年	61.54	17.95	84.62	18.60	56.81	58.43	35.19

表 7-6   **"十二五"期间外网联通率对比**   %

年份	水利部		流域机构		省级水利部门		
	直属单位	下属单位	直属单位	下属单位	直属单位	地（市）	县（市）
2015 年	69.23	100.00	84.13	95.65	75.67	95.95	76.28
2014 年	69.23	100.00	82.14	83.10	65.56	87.35	58.46
2013 年	50.00	100.00	100.00	76.19	83.82	67.39	84.74
2012 年	42.86	100.00	100.00	67.39	73.92	84.94	62.68
2011 年	33.33	100.00	100.00	92.65	72.52	87.28	52.07

表 7-7   "十二五"期间省级以上水利部门联入视频会议系统规模对比   单位：个

年 份	水利部	流域机构	省级水利部门		
	直属单位	直属单位	直属单位	地（市）	县（市）
2015 年	11	46	290	399	1906
2014 年	11	41	265	392	1879
2013 年	11	29	174	329	1508
2012 年	12	29	164	366	1385
2011 年	11	31	170	371	1251

"十二五"期间，全国水利通信保障能力得到显著提升，各项目主要通信设施规模年度发展情况对比见表 7-8。

表 7-8   "十二五"期间全国水利通信系统规模对比

年份	卫星通信系统			程控交换系统		应急通信车 /辆			微波通信		无线宽带接入	集群通信	其他通信手段	
	水利卫星小站 /个	其他卫星设施 /套	便携卫星小站 /套	系统容量 /门	实际用户 /个	总数	动中通	静中通	线路长度 /km	站数 /个	终端 /个	终端 /个	站数 /个	线路长度 /km
2015 年	1008	4275	46	145342	76500	33	9	24	9355.6	425	2487	7160	6820	71651.61
2014 年	426	1535	47	132576	70416	28	5	23	9090.1	429	1921	1222	6381	71651.61
2013 年	971	1351	52	142089	78313	42	12	30	9084.7	433	2190	1006	5877	72051.61
2012 年	274	433	23	120779	67172	31	7	24	8695.1	381	2031	1236	6970	71057.6
2011 年	169	638	16	118988	67077	17	3	14	7371.9	319	2001	1171	1065	

6. 信息采集能力快速提高

2015 年度全国省级以上水利部门的信息采集能力较前 4 年规模进一步增强，信息采集点数量和自动采集点数量均有所增加，详见图 7-9、图 7-10。2015 年信息采集点总数较 2011 年的 78720 增加 102441 处，自动信息采集点较 2011 年的 44460 增加 100233 处；雨量、水位、流量和水保信息采集点总数增长明显，较 2011 年分别增长 180.70%、197.17%、184.34%和 319.34%，雨量、水位、流量、地下水埋深和水保的自动采集点增长明显，较 2011 年分别增长了 249.89%、307.19%、783.11%、327.13%和 111.59%，详见表 7-9。

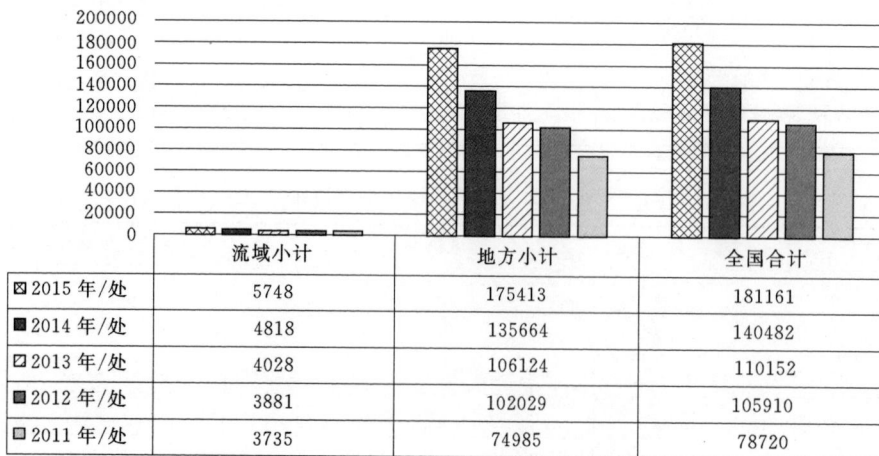

	流域小计	地方小计	全国合计
2015 年/处	5748	175413	181161
2014 年/处	4818	135664	140482
2013 年/处	4028	106124	110152
2012 年/处	3881	102029	105910
2011 年/处	3735	74985	78720

图 7-9   "十二五"期间信息采集点总数对比

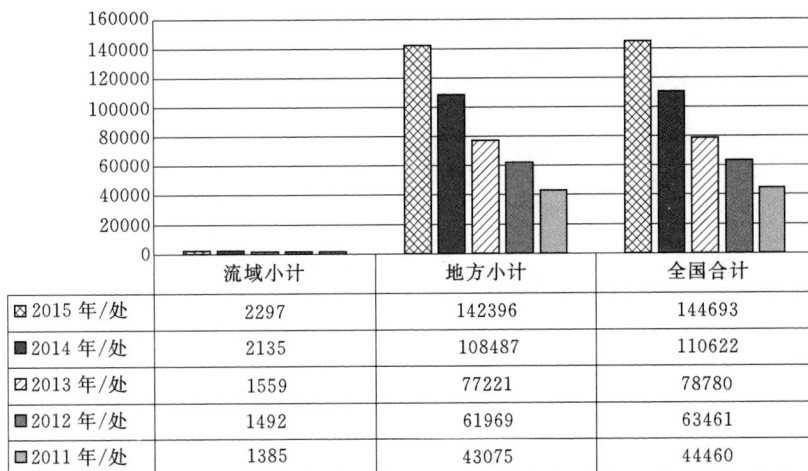

	流域小计	地方小计	全国合计
⊠ 2015 年/处	2297	142396	144693
■ 2014 年/处	2135	108487	110622
▨ 2013 年/处	1559	77221	78780
▦ 2012 年/处	1492	61969	63461
▤ 2011 年/处	1385	43075	44460

图 7-10 "十二五"期间自动信息采集点总数对比

表 7-9   "十二五"期间各类采集点分布情况   单位：处

类 别		2015 年	2014 年	2013 年	2012 年	2011 年
雨量	总采集点	92661	73539	50030	48284	33011
	自动采集点	84583	67489	45036	34856	24174
水位	总采集点	31943	24804	18909	13674	10749
	自动采集点	29509	20707	15805	10374	7247
流量	总采集点	12309	8134	4760	5220	4329
	自动采集点	9202	4771	1327	1313	1042
地下水埋深	总采集点	15869	8871	10285	12449	11451
	自动采集点	8013	4688	3983	3966	1876
水保	总采集点	1518	460	368	363	362
	自动采集点	146	147	79	78	69
水质	总采集点	13613	10837	12003	11757	8035
	自动采集点	1871	1438	931	1182	1154
墒情（旱情）	总采集点	2235	1936	1694	1826	1578
	自动采集点	1791	1491	1090	974	905

7. 资源共享服务持续推进

数据共享服务体系方面，全国省级以上水利部门的数据库个数逐年增加，库存总数据量也在逐年增加。2015 年的数据库总数较 2011 年的 600 个增加了 859 个，数据库库存总数据量达到 985036.84GB，较 2011 年度的 261899.45GB 增长 276.11%，可供共享应用的结构化和非结构化数据总量达到 1607TB（1.57PB）。建成数据中心的单位由 2011 年的 11 个增加到 2015 年的 24 个。详见图 7-11～图 7-13。

8. 业务应用效益连年递增

"十二五"期间，水利综合业务应用体系覆盖率逐年增加，发挥的效益连年递增。截至 2015 年年末，防汛抗旱指挥系统的覆盖率达到 97.5%，水资源监测与管理系统、水土保持监测与管理系统、水利电子政务系统、水文业务管理系统和山洪监测数据管理与应用系统的覆盖率均达到 80% 以上，"十二五"期间的业务应用系统覆盖率详细情况见表 7-10。

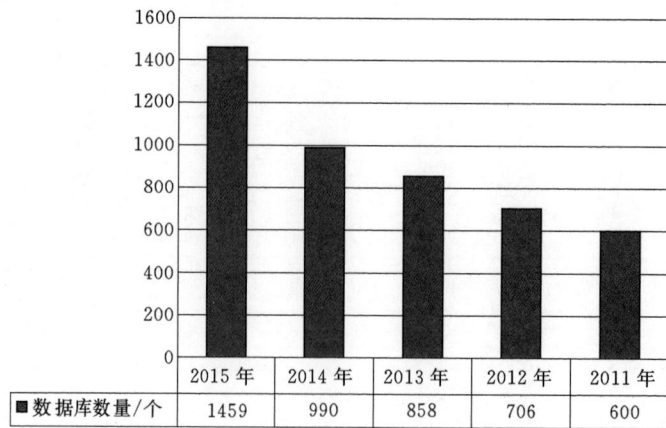

	2015 年	2014 年	2013 年	2012 年	2011 年
数据库数量/个	1459	990	858	706	600

图 7-11　"十二五"期间数据库个数对比

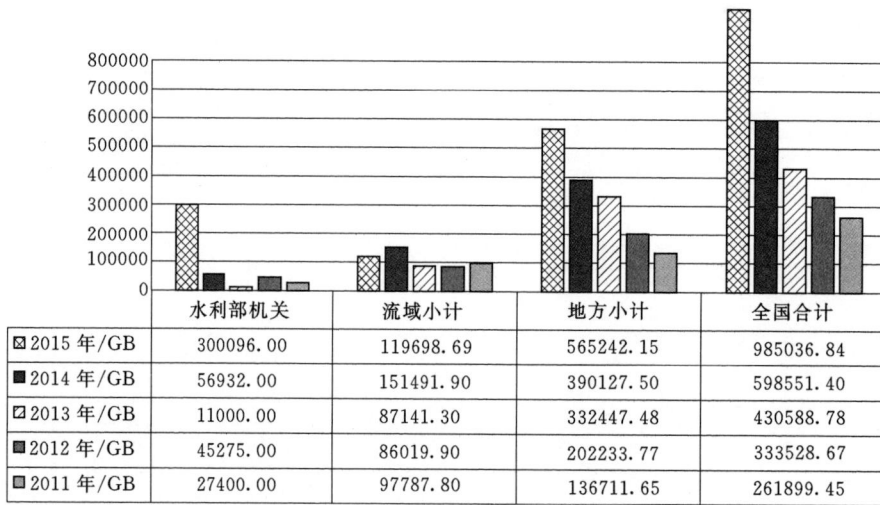

	水利部机关	流域小计	地方小计	全国合计
2015 年/GB	300096.00	119698.69	565242.15	985036.84
2014 年/GB	56932.00	151491.90	390127.50	598551.40
2013 年/GB	11000.00	87141.30	332447.48	430588.78
2012 年/GB	45275.00	86019.90	202233.77	333528.67
2011 年/GB	27400.00	97787.80	136711.65	261899.45

图 7-12　"十二五"期间数据库库存总数据量对比

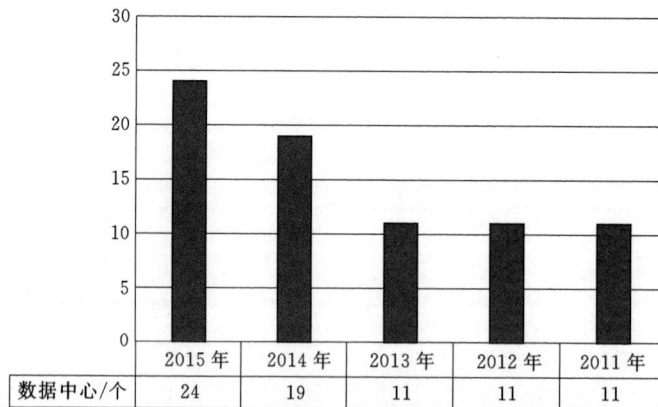

	2015 年	2014 年	2013 年	2012 年	2011 年
数据中心/个	24	19	11	11	11

图 7-13　"十二五"期间年度建成数据中心数量对比

表 7-10　　　　　　　　　　"十二五"期间业务应用系统覆盖率对比情况　　　　　　　　　　　%

业务应用系统分类	2015 年	2014 年	2013 年	2012 年	2011 年
防汛抗旱指挥与管理系统	97.50	95.00	95.00	92.50	95.00
水资源监测与管理系统	90.00	75.00	70.00	72.50	65.00
水土保持监测与管理系统	87.50	80.00	77.50	77.50	82.50

续表

业务应用系统分类	2015 年	2014 年	2013 年	2012 年	2011 年
农村水利综合管理系统	55.00	47.50	47.50	45.00	42.50
水利水电工程移民安置与管理系统	37.50	27.50	22.50	25.00	22.50
水利电子政务系统	92.50	82.50	82.50	85.00	77.50
水利工程建设与管理系统	70.00	55.00	52.50	52.50	50.00
水政监察管理系统	55.00	45.00	35.00	30.00	25.00
农村水电业务管理系统	40.00	35.00	32.50	30.00	20.00
水文业务管理系统	92.50	82.50	77.50	77.50	67.50
水利应急管理系统	35.00	22.50	20.00	22.50	20.00
水利遥感数据管理与应用系统	57.50	50.00	37.50	40.00	25.00
水利普查数据管理与应用系统	77.50	72.50	72.50	80.00	72.50
山洪监测数据管理与应用系统	82.50	70.00	60.00	55.00	45.00

"十二五"期间，有网站的单位数、网站更新内容、水利门户网站的访问量、门户网站运维投入逐年增加，各单位内部间公文流转无纸化的程度在增大；截至 2015 年年末，流域机构和地方水利主管部门能够在网上办理的行政许可比例达到五年最高值，分别为 83.33％和 74.45％，详见图 7-14。

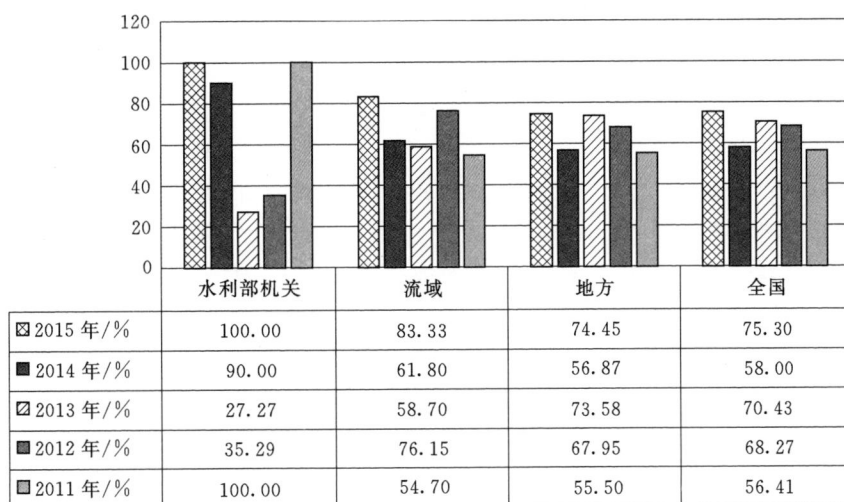

	水利部机关	流域	地方	全国
2015 年/%	100.00	83.33	74.45	75.30
2014 年/%	90.00	61.80	56.87	58.00
2013 年/%	27.27	58.70	73.58	70.43
2012 年/%	35.29	76.15	67.95	68.27
2011 年/%	100.00	54.70	55.50	56.41

图 7-14 "十二五"期间能在网上办理的行政许可比例

八、重点工程进展

（一）国家防汛抗旱指挥系统

国家防汛抗旱指挥系统二期工程建设内容主要包括信息采集系统、通信与计算机网络系统、数据汇集与应用支撑平台、防汛抗旱综合数据库、业务应用系统、系统集成与应用整合 6 个部分 15 个单项工程，总投资 12.08 亿元，其中中央投资 8.44 亿元，地方投资 3.64 亿元。

在各级领导高度重视和防办、水文、规划计划、建管、财务等成员单位全力支持以及所有项目办共同努力下，截至 2015 年年底，已全面建设所有 15 个单项工程，完成招标并签订项目合同 658 个，已通过验收投入试运行项目 52 个，完成施工建设待验收项目 50 个，在建项目 556 个；已签订合同金额为 8.55 亿元，完成资金支付 5.15 亿元。下一步按建设工期要求继续做好项目建设、培训、验收和资金支付等工作，并将工程尽快投入运行，充分发挥效益。

（二）国家水资源监控能力建设

国家水资源监控能力建设项目一期总体进展顺利，基本完成三大监控体系和三级信息平台主要建设任务。2015 年 10 月 9 日，陈雷部长主持部长办公会，听取项目进展情况的工作汇报并观看系统演示，会议充分肯定了国家水资源监控能力项目建设工作，认为国家水资源管理信息系统功能较上次汇报有很大改进，考虑更为周全，基本功能都得到实现，成果令人满意。

（1）取用水监控体系。已对地表年许可取水量在 300 万 m^3、地下 50 万 m^3 以上取用水户的 8344 个监测点实现在线监测。一期项目全部完成后可对约 2514 亿 m^3 的许可水量进行在线监测，约占全国总许可水量 3337 亿 m^3 的 75%。

（2）水功能区监控体系。已完成 3565 个水功能区监测能力建设，覆盖率超过 80%；对 141 个地表水重要饮用水水源地实现水质监测全覆盖，建成 93 个水质自动监测站，实现在线监测。

（3）省界断面监控体系。已完成 588 处水质监测断面和 334 处水量监测站的监测能力建设，实现水质监测全覆盖，水量监测覆盖率较原有水平提高 2 倍（约 50%）。

（4）信息平台建设。已完成水利部、7 个流域和 32 个省级平台主要建设任务，水利部与流域、省节点全部实现贯通。

（5）完成水资源信息服务、业务管理、调配决策支持、应急管理等应用系统开发及部署。

2015 年年底前完成了审计和单位验收工作，省级项目完成率约为 75%，除个别省份外，预期2015 年年底前完成建设任务，2016 年 3 月底前完成中央对省级项目的技术评估，2016 年 6 月底前完成一期项目整体验收准备工作。

（三）全国水土保持监测网络和信息系统

2015 年度，按照全国水土保持工作视频会议对水土保持信息化工作的新要求，积极推进《全国水土保持信息化实施方案》的落实，围绕 2015—2016 年全国水土保持信息化建设实施计划，强化技术支撑，开展以县为单位的国家水土保持重点工程、生产建设项目水土保持预防监督"天地一体化"

动态监管示范，组织完成了全国水土保持信息管理系统的升级开发，包括"全国水土保持监督管理系统 V3.0""国家水土保持重点工程项目管理信息系统"，重点项目管理系统在全国 763 个重点治理县进行推广应用；推进了 7 个流域机构和 32 省级单位监管示范工作。组织开展了全国水土保持信息化工作大检查和专项调研，撰写了检查和专项调研报告，有力推进了全国信息化工作同步开展，为今后构建水土保持监管信息服务平台、全面落实信息化工作奠定了坚实基础。

（四）农村水利信息化

1. 完成全国农村水利管理信息系统日常维护工作

一是完成农水行业管理应用平台维护。主要完成行业规划信息、投资信息、工程信息、统计年鉴信息以及文献资料的维护工作，对每年发布的规划信息和统计年鉴信息进行整理录入，对各级用户上报的投资信息和工程信息进行审查并发布，对与农水相关的文献资料，如政策、法规、历史、规划、标准、规范等静态数据的收集、数字化、整编录入。二是农水项目管理信息系统维护。主要完成对农田水利基本建设、大型灌区、中型灌区、节水灌溉、牧区水利、泵站与排涝、小型农田水利、农村饮水安全、雨水集蓄利用和中低产田改造十个业务子系统的日常维护工作。三是完成日常管理模块维护。主要完成对通知通告模块、短信服务模块和通讯录管理模块的维护工作，包括及时发送各类通知通告信息和短信提示信息，对应机构和人员的变化整理行业通讯录。四是农田水利基本建设和大型灌排泵站更新改造管理信息子系统升级更新。主要完成对农田水利基本建设和大型灌排泵站更新改造管理信息子系统的全面升级更新工作。包括对项目主页、数据报表、填报流程等模块进行重新设计、开发工作。五是完成农水门户网站信息维护。主要完成网站信息的管理和维护工作，农村水利的新闻、通知通告以及各种专题信息（如历史数据、专项研究）的采集、制作、发布与管理维护。六是完成数据维护节点及灌排中心机房设备、部件维护。灌排中心是全国农村水利管理信息系统的数据维护节点，包括其自身的局域网、网内计算机升级和一般性维修工作以及办公自动化系统的维护；灌排中心机房设备、部件维护主要完成对机房环境支撑系统、服务器主机等设备定期检测、维护和保养，包括对设备的定期清理维护、配件和耗材的维修及更换、网络线路维护等，保障机房设备运行稳定，延长设备使用寿命，降低故障率，为管理软件运行提高保障环境。

2. 完成全国农村水利管理信息系统升级改造项目可行性研究报告编制工作

针对全国农村水利管理信息系统建设历时时间长，存在缺乏系统性的整体设计、技术架构日趋落后和功能和数据仍旧存在不足等问题，原有系统难以顺应信息化发展潮流、满足农村水利现代化需要，需要重构。信息化处历时 3 个月完成了系统升级完善可研报告编制工作，并将系统重新定位：充分利用互联网、物联网、3S、移动互联和智能移动终端、云计算和大数据等现代信息技术，进一步优化和增强系统功能，强化 GIS 应用，优化和改造现有数据库系统，采用大数据处理技术补强各类数据分析功能，构建全国农村水利管理信息云平台，实现农村水利行业和项目重要环节的全过程信息获取、传输与管理；实现功能灵活定制，满足用户共性管理和个性化管理的需求；实现多维度的行业信息和项目过程信息的分析与评估；强化移动互联应用，充分利用智能手机的高普及率，建立起更便捷的数据采集通道和灵活的监管手段；实现平台界面友好、用户体验良好、用户回报率高和系统黏度强，促使农村水利的整体管理水平再上一个新台阶。

3. 举办节水增粮行动管理信息系统四期培训班

2015 年 11 月 16—28 日，按照水利部支持东北四省区节水增粮行动领导小组办公室安排，信息化处在京举办了四期信息系统数据填报培训班，补录了 2012—2015 年项目前期、工程建设和竣工验收等信息。四期培训班共计 172 个项目县、240 名系统用户参加了系统应用培训和数据填报。

（五）水利财务管理信息系统

1. 信息系统开发方面

截至目前，一是在应用支撑平台建设及系统集成方面完成了软件相关开发工作，基本满足了统一平台、统一数据库、统一用户管理的技术要求；二是在门户建设方面，按照部领导、单位领导等不同人员管理需求开发了不同的门户界面，实现了与用友业务系统每个业务功能点的展示链接；三是在数据库设计方面，完成了基础数据相关的国家标准文档、行业标准文档、财务业务系统数据库及字典表的收集，并开发了人员数据上报，完成了部属单位人员信息统计和整理入库工作；四是在标准规范方面，编制完成了《水利财务管理信息系统会计科目标准体系》《水利财务管理信息系统预算项目代码规范》《水利财务管理信息系统统一用户管理规范》《水利财务管理系统数据交换规范》《水利财务管理信息系统应用支撑平台接口规范》《水利财务管理信息系统接口与门户集成规范》等多个标准规范；五是在应用系统开发方面，与我司和预算执行中心各业务处室进行了两轮、15 场的系统设计原型审查，编写了《水利财务管理信息系统应用软件开发设计报告》，目前除个别功能模块外，系统主要开发任务已经完成。

2. 在测试和试运行方面

截至目前，为确保系统建成后能够安全、稳定运行，并满足管理工作需要，组织开展了多种形式的系统测试和试运行工作，并对财务人员进行了全面培训。一是多方测试。2015 年 3—12 月，根据软件开发进展，同步开展了系统测试工作，包括承建单位内部测试、用户测试、第三方测试等。在用户测试方面，共开展了五批用户测试，累计参加 69 人次，发现问题 1013 个，其中影响系统运行的功能性问题已全部解决。在第三方测试方面，聘请专业的第三方测试机构全程参与系统建设，并按照系统建设进展情况分阶段进行测试，对需求分析报告、软件设计报告进行评估，目前已基本完成了各软件模块的单项测试和系统集成后的整体测试。二是试运行。自 2015 年 8 月 1 日开始，在水利部属各级预算单位分批开展了试运行工作，同时加强现场督导、指导，部属 347 家预算单位均参加了试运行。据初步统计，水利部属单位在试运行期间通过系统处理业务共计 33149 笔，发现问题 1024 个，其中影响到系统运行的功能性问题已全部解决。

3. 在操作培训方面

自 2015 年 8 月 17 日开始，先后举办 11 期 29 个班，对水利部属各级预算单位和省级水行政主管部门的 2066 名财务人员进行了全面的系统操作培训。同时，还利用中初级会计人员继续教育、2015年度决算编报工作布置会等机会，进一步培训部属单位业务骨干系统操作。此外，根据有关单位的要求，协调承建单位派人到黄河水利委员会、综合局等单位进行了再次培训。

九、水利部年度信息化推进工作

（一）行业管理工作

（1）圆满召开全国水利信息化工作会议。2015年9月23日，全国水利信息化工作会议在湖北武汉胜利召开。会议全面总结了已取得的成效，系统分析了影响发展的问题，明确提出了五大体系的建设目标，部署了近期重点任务。会议安排了交流发言与成果展示，正式发布了"水利一张图"，开通了"水利信息化"微信公众号，首次尝试了"无纸化"会议，受到与会代表一致好评。

（2）全力推动水利信息化资源整合共享相关工作。《水利信息化资源整合共享顶层设计》以水利部文件正式印发；正式部署流域机构和省级以上水利部门开展水利信息化资源整合共享实施方案编制。目前7个流域机构和部分省级水利部门已完成方案上报工作。

（3）组织开展水利部直属单位软件正版化自查工作。根据国务院办公厅和国家版权局的要求，组织开展了部直属单位软件正版化自查工作，在整理汇总的基础上，上报了《水利部2015年软件正版化工作总结》。

（4）受部委托组织开展相关技术审查咨询工作。组织召开了《长江委信息化顶层设计》技术审查会；组织完成了水利部水利水电规划设计总院"水利水电工程规划设计管理平台"可行性研究报告的技术审查工作。

（5）受部委托组织开展部属单位信息化项目竣工验收工作。组织完成了水利报社"新办公楼新闻采编信息系统建设、办公自动化系统、水利部音像宣教系统"、中国水利科学研究院"水利枢纽自动化控制系统仿真中心设备购置项目"和灌排中心"全国农村水利管理综合数据库建设"等项目的竣工验收工作。

（6）积极报送水利信息化相关材料。根据规计司要求编写了《关于开展我部信息化项目绩效评价工作的建议》和《关于转发〈关于开展国家电子政务工程项目绩效评价工作的意见〉的通知》；组织编写了《〈国务院办公厅关于促进电子政务协调发展的指导意见〉落实方案》并报送国务院办公厅；组织编写了《水利信息化发展有关情况及建议》并报送中央网信办和发展改革委；协调完成《落实〈促进大数据发展行动纲要〉三年工作方案》并报送发展改革委；向《中国信息化年鉴》《电子政务年鉴》《水利年鉴》《中国水利发展报告》编制单位报送了水利信息化发展相关内容。

（7）组织完成有关征求意见的反馈。组织完成了国务院办公厅《国家电子政务内网政府系统运维管理办法（试行）》、国土资源部《不动产登记信息管理基础平台建设总体方案》、国家防汛抗旱总指挥部办公室《关于加强防汛管理信息化建设的提案》、水利部规计司《进一步加强流域综合管理的指导意见（征求意见稿）》等征求意见的反馈。

（二）规划前期工作

（1）《全国水利信息化发展"十三五"规划》目前已完成工作大纲审查、初稿咨询、相关单位征求意见等阶段任务，待完成审查后正式报部。

（2）按照发展改革委的要求，对我部拟纳入《"十三五"国家政务信息化工程建设规划》的项目进行了梳理、上报。

（3）组织完成《水利部电子政务内网建设方案》编制，并通过国家内网办的审核；编制上报了水利部机关政务内网接入国家政务内网项目初步设计。

（4）完成了"水利部行政审批监管平台项目"可行性研究和初步设计报告编制以及预受理与预审查相关技术工作。

（三）标准规范工作

（1）按照统一归口管理信息化标准的相关要求，牵头提出了水利信息化技术标准体系；组织完成了拟增标准项目建议申报书的编制，目前国科司已同意其中 16 项标准纳入《水利技术标准体系表》，正在签批过程中。

（2）正式颁布了《水利要素图式与表达规范》（SL 730—2015）、《水资源监控管理系统建设技术导则》（SL/Z 349—2015）、《水利固定资产分类与代码》（SL 731—2015）等行业标准；组织完成了《水资源管理信息对象代码编制规定》《水资源监控管理数据库表结构及标识符》《湖泊代码》意见反馈或技术审查。

（3）《国家水文数据库表结构与标识符》《旱情数据库表结构及标识符》《水利通信业务导则》已列入 2016 年编制类计划，"水利信息化标准贯标"列入实施类计划，"水利信息化标准体系建设研究"列入实施与监督类计划。

（4）推动了对已颁的 14 项信息化标准的修订立项工作。

（四）宣传交流工作

（1）编制出版了《2014 年度水利信息化发展报告》。

（2）编撰发行了 4 期《水利信息化工作简报》。

（3）指导完成了 6 期《水利信息化》杂志出版。

（4）与国家密码管理局、国土资源部、中国工程科技知识中心、国家统计局、国土资源部、国家气象局等多家单位进行了多种形式的交流。

附录1 领 导 讲 话

着力提升水利信息化水平
全面服务"十三五"水利改革发展

水利部总工程师 汪洪

2015 年 9 月 23 日

这次会议是在"十二五"收官、"十三五"布局的关键时期召开的一次水利信息化工作的重要会议。会议的主要任务是：贯彻落实中央新时期水利工作方针和部党组加快水利改革发展决策部署，全面总结"十二五"水利信息化工作，科学谋划"十三五"水利信息化发展，研究部署今后一个时期重点工作，进一步提升水利信息化水平，全面服务水利改革发展。

"十二五"以来，全国水利系统围绕中心、服务大局，开拓进取、扎实工作，积极推进水利信息化，取得显著成效，在促进和带动传统水利向现代水利转变、服务和支撑水利改革发展方面发挥了重要作用。主要体现在：一是从发展理念来看，"以水利信息化带动水利现代化"成为共识并全面落实。2011 年中央 1 号文件提出：推进水利信息化建设，全面实施"金水工程"，加快建设国家防汛抗旱指挥系统和水资源管理信息系统，提高水资源调控、水利管理和工程运行的信息化水平，以水利信息化带动水利现代化。部党组高度重视，陈雷部长多次对信息化工作和重要业务系统建设做出重要批示，提出明确要求。全国水利系统认真贯彻落实，切实加大资金投入，着力实施水利信息化重点工程，有效促进了水利信息化从局部单一发展向整体全面推进转变、从信息技术驱动向应用需求带动转变、从信息资源分散使用向共享利用转变、从重建设轻管理向建设与管理并重转变、从注重应用向统筹应用和安全管理转变，水利信息化专业水平大幅提升，服务能力全面加强。二是从发展状况来看，水利信息化综合体系更趋完善。经过多年的建设，水利信息采集体系、通信网络、存储计算等逐步完善，基础设施保障能力显著增强；水利信息资源更全更多、开发利用更深更广，为水利和经济社会发展提供了重要信息支撑；信息化在各项水利工作中应用的深度、广度和融合度不断提高，基本覆盖水利主要业务工作；水利信息化顶层设计和整合共享积极推进，有力促进水利信息化科学发展；水利网络信息安全体系初步形成，制度标准更加健全，管理和运行维护体系初步构建，人才队伍逐步加强，为水利信息化工作提供了有力保障。三是从应用效果来看，水利信息化作用越来越显著。近年来，水利部重点推进了防汛抗旱指挥系统、水资源监控能力建设等重点工程建设，为防汛抗旱决策指挥和落实最严格水资源管理制度提供了有力的技术支撑。通过防汛抗旱指挥系统工程等项目建设和应用，信息量和时效性大幅提升，今年向水利部报汛的站点达 9.7 万个、接收水情信息 4.5 亿份，分别是项目建设前的 32 倍、2500 倍，到报时效也由 2 小时缩短到 15 分钟以内，预见期提前到 3～7 天；水利部异地会商视频会议系统与流域机构和省级水利部门、地市级、县级联通率分别达到 100%、94% 和 86%，每年参加水利部组织的会商、会议人次达 7 万。这些都极大提升了防汛抗旱工作的信息获取能力和指挥决策水平，同时也有效提高了水行政工作效率，降低了行政成本。比如：在迎战 2013 年黑龙江大洪水期间，提前 20 多天预测黑龙江下游干流将出现超百年一遇特大洪水、预判嫩江尼尔基水库最高库水位可能达 216 米，为防洪抢险指挥决策提供科学依据。通过国家水资源监控能力一期项目建设，构建了对应"三条红线"的三大监测体系和三级信息平台：基本建成取用水监控体系，对许可水量的 70% 进行在线监测，占全国总用水量的 35%；基本建成水功能区监测体系，对 4493 个水功能区水质常规监测覆盖率达到 80%，对 141 个地表水水源地水质实现在线监测；基本建成省界断面监测体系，对 592 个省界水质断面监测覆盖率达到 100%，对省际河流省界断面水量监测达到 45% 以上；基本建成水资源监控管理三级信息平台，实现水资源管理主要业务的在线处理。这项工程投入应用将大幅提升水资源监控能力，为最严格水资源管理制度的实施提供强有力的技术支撑。

回顾"十二五"，水利信息化工作取得了长足发展，支撑和服务水利改革发展的能力显著提升，特别是在防汛抗旱指挥、水资源监控、水土流失监测、水利普查等水利重点领域，取得了扎扎实实的成效。在此，受陈雷部长和周学文党组成员委托，向全国水利信息化建设和管理部门的广大干部职工致以崇高敬意和衷心感谢！

面向"十三五"，我们不仅要看到"十二五"时期水利信息化发展取得的显著成效，也要站在时代发展的新起点，按照水利改革发展的新要求，面对时代发展的新挑战，全面系统分析水利信息化工作中的薄弱环节。目前，水利信息化整体水平与国家信息化总体要求相比，与水利改革发展需求相比，与信息技术日新月异进步相比，仍存在明显差距。主要表现在：水利信息化发展水平与交通、电力等其他基础设施行业相比差距较大，区域发展不平衡，东部地区发展较快、西部地区进展较慢；水利信息化仍然存在低水平重复建设，整合力度不够，信息资源共享困难，系统使用效率不高；水利业务与信息技术融合程度不深，业务协同不够，整体优势和规模效益难以充分发挥；安全防护能力不足，保障体系尚不健全，与水利信息化发展要求不相适应。因此，面对以大数据、云计算、"互联网＋"等为代表的新一轮信息技术革命浪潮，水利信息化工作任重而道远，"十三五"水利信息化工作任务十分繁重。接下来，邓坚主任还将对"十二五"水利信息化工作进行全面总结，并就"十三五"和近期工作提出具体要求。下面，我就推进水利信息化进程中必须解决好的几个问题讲几点意见。

第一，关于水利信息化服务中心工作问题

党的十八大以来，中央明确了新时期水利工作方针，对加快重大水利工程建设、强化水资源管理、深化水利体制机制改革等作出重大部署，水利工作迎来新的机遇，也肩负重大责任。当前，水利工作紧密围绕解决水灾害频发、水资源短缺、水生态损害、水环境污染等新老水问题，扎实做好防汛抗旱减灾、最严格水资源管理、水利工程建设与管理、社会公共服务等重点工作。这些繁重的工作任务、确定的发展目标能否顺利实现，与信息化息息相关，需要信息化提供支撑和保障。

围绕水利中心工作，今后一段时期水利信息化要重点推进四个方面的工作。一是防汛抗旱减灾方面，要加快推进国家防汛抗旱指挥系统二期工程建设，完善防汛抗旱决策支撑体系。一期工程建成后，极大提升了防汛抗旱的决策指挥水平，但与当前防汛抗旱面临的形势、建立系统科学防汛抗旱减灾体系的要求相比，还存在覆盖范围不全、信息资源不足、业务融合不深等问题，需要进一步提升决策支持智能化水平。目前，要全力做好二期工程建设工作，水利部至流域、省的水利信息网带宽扩充至 6～8 兆；建成 189 个水情分中心、380 个工情分中心和覆盖全国 2250 个县（区）的墒情监测站点及墒情信息采集系统；建成覆盖各流域机构和 27 个省份的视频监控平台及其 1700 个重点工程视频监视点的信息采集体系；建设 25 个移动式卫星便携站、20 个移动指挥平台，强化防汛抗旱移动应急指挥能力；提升旱情信息分析处理能力。整合共享相关信息化资源，扩大江河预报范围，充实防洪调度方案，增强其信息处理能力，实现 10 分钟内完成一个预报方案计算，15 分钟内完成一个调度方案计算，洪水预报精度提高 10％以上，预见期提前 3 个小时以上。二期工程建成后，将整体构建起高效、可靠、安全的防汛抗旱决策支撑体系。二是最严格水资源管理方面，要全面完成国家水资源监控能力建设一期工程，启动二期工程，再用 3 年左右时间，进一步从广度深度上完善三大监控体系：对全国用水量在线监测提升至 50％以上，对全国重要江河湖泊水功能区水质常规监测提升至 95％以上，对供水人口 20 万以上的主要地表饮用水源地实现水质在线监测；提高重要省际河流省界断面监测频次，对省际河流省界断面水量监测提升至 70％以上；建立流域机构突发水污染事件应急监测与响应体系，实现重要区域或断面 4 小时内到达现场开展监测的能力；进一步提升管理平台的功能和效能。三是水利工程建设和监管方面，目前，我国水利工程数量多、分布广，仅水库就有 9.8 万座，每年在建的水利工程有 1 万多处，既有纳入国家重大水利工程建设的流域控制性骨干工程，也有面上的病险水库除险加固和农村饮水安全等工程。这么数量庞大的已建工程的调度、运行、安全和在建工程的建设进度、资金支付、工程质量、安全生产等的及时有效监管，需要依靠信息化的方法和手段来实现。因此，要积极利用卫星遥感、全球定位系统、地理信息系统等先进技术，通过信息系统加强在建、已建项目的监督管理，同时通过技术改造，逐步提升已建水利工程的自动化智能化水平；要加快水利工程建设与管理信息系统建设，实施好水利安全生产信息化工程，实现重大安全隐患上报率达到90％，涉及安全生产的水利工程和水管单位信息采集率达到95％，全面提升水利安全生产监管能力；要利用遥感、地理信息系统和"互联网＋"等信息技术，积极推进水政监察基础设施建设，提升水政监察工作高效性科学性协同性。四是水利服务社会公众方面，要积极通过政府网站、微博、微信、移动互联网等方式，创新服务模式，努力打造全天候水利服务平台，不断完善政府信息提供、行政审批许可、实时水情和预警信息发布、涉水政策意见征询等各种亲民便民惠民公共服务，不断提升水利工作透明度、公信力和满意度。要加快水利部行政审批监管平台项目建设，今年底要完成水利部及流域机构行政审批的网上预受理和在线预审查，明年全面实现网上办理。

第二，关于水利信息化资源整合共享问题

加快水利信息化资源整合共享是水利信息化当前的一项重要工作，关系到水利信息化发展全局。受投资来源不同、建设管理主体各异、运行维护分散等因素制约，资源分割、共享困难、效能低下、重复建设等问题仍然突出，导致资源利用总体效能不高，严重阻碍互联互通、信息共享和应用协同。

针对这些问题，今年水利部印发了《水利信息化资源整合共享顶层设计》（以下简称《顶层设计》），我们要扎实推进整合共享有关工作。一是明确目标任务，突出工作重点。整合共享的主要目标是：对本流域、本省基础设施、数据资源、业务应用、支撑保障条件等水利信息化资源进行系统梳理，科学合理配置，实现公用共享，充分发挥资源效能，增强部门协作，提高工作效率，节省建设维护资金，促进水利信息化科学发展。具体任务有六项：梳理信息化资源，摸清家底，规划水利信息化资源体系；整合数据资源，采用集中存储基础数据、共享数据和数据资源目录，分布存储专业数据，提供规范、权威、有效的数据服务；整合业务应用，通过统一通用工具、用户管理、数据交换、一张图，实现各类水利业务的应用协同；整合基础设施，采用"云技术"，通过统一机房、计算、存储、网络环境，提供集约化可调配的基础设施服务；整合安全体系，通过统一安全管理、技术防御及应急处置，提升系统的安全防护能力；完善标准、制度等支撑保障条件，确保整合共享工作的顺利开展。二是采取有效措施，先易后难推进。受体制机制的制约，信息资源整合共享工作客观上存在很多困难，不可能一蹴而就，这是一项复杂的工作。近年来，长江委和江苏省水利厅开展了水利信息化资源整合共享试点工作，取得了重要成果和经验做法。水利部发布了"水利一张图"并出台管理办法，编制完成了水利共享基础数据库、目录服务、数据交换、统一用户、网络信息安全等多项标准，已提交本次会议征求意见。这些都为推进资源整合共享工作提供了示范借鉴。下一步，各地要紧紧围绕《顶层设计》要求，借鉴行业内外的经验做法，尽快出台具体整合共享计划和实施方案，将资源整合共享原则贯穿水利信息化规划编制、系统设计、项目建设和运行管理全过程。在资源整合共享过程中，保证数据资源的真实性有效性现势性尤为重要，要充分利用各种业务系统和统计年报等信息渠道，加快建立"水利一张图"等数据资源的定期和动态更新维护机制，保证信息资源及时更新和可持续利用。

第三，关于信息新技术在水利中应用问题

目前，以云（计算）、物（联网）、大（数据）、智（慧城市）、互（联网＋）为代表的新技术新业态迅速兴起，不断推动全世界、各行业发生深刻变革。近期，国务院密集地在促进信息新技术应用领域做出重大部署，这也对水利信息化工作提出新的要求。水利部门承担着防汛抗旱减灾、水资源管理、水利工程建设和运行管理、水土保持生态建设等重要职责，应该说信息新技术在水利行业的应用前景非常广阔。比如，部水利信息中心成功搭建了水利部"基础设施云"，实现计算、存储资源的池化管理和按需的弹性服务，有力支撑了国家水资源监控能力建设、国家防汛抗旱指挥系统、水利财务管理信息系统等13个项目的快速部署和应用交付。无锡利用物联网技术，对太湖水质、蓝藻、湖泛等进行智能感知，实现蓝藻打捞、运输车船智能调度，有效提升了太湖治理的科学水平，成为水生态系统保护与修复典范。浙江在舟山应用大数据、"互联网＋"，通过公共通信部门提供的手机实时位置信息，及时掌握台风防御区的人员动态情况，结合水利部门的台风路径、影响范围等信息，可自动通过短信等方式最大范围地发布预警和提醒信息，为科学决策和有效指导人员避险、财产保护等提供有力支撑。

推进水利科学进一步跨越式发展，水利行业必须紧跟信息技术发展步伐，切实加强新技术研究和推进应用。一是强化新技术应用。要在数据采集和监控方面，加大物联网、卫星遥感技术应用力度，提高智能感知能力，健全水利设施、水资源等资源要素监控体系；要在信息化基础设施建设和资源整合方面，应用云计算技术加快建设信息化基础设施云平台，提供集约化服务；要在水利普查成果和重点工程数据库建设基础上，开展大数据分析平台建设，提升数据处理和服务水平，逐步形成水利多元化采集、主体化汇聚和知识化分析的大数据应用服务体系；要主动适应"互联网＋"的新常态，加快政府信息平台整合，推进数据资源向社会开放，不断增强水利服务社会公众的网络化、智能化、协同化水平。二是加强示范引领。部信息办要认真学习领会国务院近期出台的有关政策文件精神，结合水利实际，尽快制定水利行业贯彻落实的指导性文件；广泛调研总结无锡水利物联网、浙江"智慧水务"等试点工作成功经验，根据不同地域、流域特点，抓好一批效果突出、带动性强、关联度高的典型应用示范工程并加以推广，加快"数字"水利向"智慧"水利的转变；各单位要认真学习，积极尝试，结合各地实际在不同领域加快新技术研究和应用步伐。

第四，关于水利网络与信息安全问题

中央高度重视网络安全工作，习近平总书记强调：没有网络安全就没有国家安全，没有信息化就没有现代化。国家先后实施涉密信息系统分级保护制度（分级保护）和信息安全等级保护制度（等级保护），建立国家信息安全保障体系。这两项制度是我们开展水利网络与信息安全工作的基本遵循。分级保护主要是根据涉密信息系统处理信息的最高密级，划分为秘密级、机密级、绝密级三个等级。等级保护主要是根据非涉密信息系统在国家安全、经济建设、社会生活中的重要程度，遭到破坏后的危害程度等影响，将安全等级保护由低到高分为五级，三级至五级为重要信息系统。目前，我部在政务内网分级保护方面，部机关和 7 个流域机构的机密级政务内网通过了国家保密局的测评、获得使用许可证。在政务外网等级保护方面，完成了省级以上水利部门 266 个系统的定级备案，其中部机关的 10 个重要信息系统已通过等级保护测评，7 个流域机构完成了等级保护整改加固工作。同时，水利部有序组织开展各项网络与信息安全自查、抽查和检查工作。去年，专门成立了由部领导任组长的安全检查组，完成了对 7 个直属单位的现场抽查工作，共查处高危风险 757 项并督促进行了整改。在注重自身安全防护的同时，水利部积极加入了国家信息安全通报机制，建立水利行业通报机制，2012 年以来发布涉及部直属单位的安全通报 47 次。从水利行业来看，对网络与信息安全重要性认识不足、安全防护水平不高、安全应急处置能力不强、安全监督不到位、安全组织管理体系不健全等问题还不同程度存在，网络安全事件时有发生，水利网络与信息安全的形势不容乐观。

各地要充分认识水利网络与信息安全的极端重要性，着力构建和完善水利网络与信息安全体系。一是各级水利部门要按照"谁主管，谁负责"的原则，建立完善网络与信息安全管理责任制，将责任落实到人，把信息安全工作纳入年度绩效考核。二是按照等级保护和分级保护工作要求，进一步加强和完善安全防护能力建设，强化自主可控，大力推进国产化、正版化。重点加强基础网络、重要信息系统和重要水利工程控制系统的安全防护能力。要全面落实新建信息系统与网络信息安全的同步规划、同步建设、同步运行。三是建立水利网络与信息安全常态化制度化工作机制，把各种安全隐患消除在初期。要进一步加强日常监督与集中检查相结合，不断完善常态化的安全监督检查模式。四是开展网络与信息安全预警和数据备份恢复能力建设，积极与国家有关部门形成预警联动，构建水利部、流域机构、省级关联分析平台，提升重大网络安全事件应急处置能力。五是处理好公开与保密、应用与安全的关系。要不断提升工作人员保密知识和技能水平，认真做好信息公开的保密审查，该保的密务必保住，该公开的也要及时发布。网络安全和信息化是一体之两翼，驱动之双轮，必须统一谋划、统一部署、统一推进、统一实施，以安全保发展，以发展促安全。

第五，关于水利信息化建设与管理问题

随着信息化发展，水利信息化建设任务日益繁重、整体规模不断增加，建设和运行管理中也暴露出一些问题，比如，低水平重复建设问题依然存在，整合难度大；重建轻管现象较严重，运行维护体系不健全；信息化专业人才队伍匮乏，复合型人才紧缺，等等。这些都严重影响信息系统效益发挥，阻碍水利信息化发展。

下一步，要在强化水利信息化建设管理和运行管理上下工夫，着力推进水利信息化科学发展。一是健全信息化工作机构，强化职能。水利信息化涉及的部门多、协调难度大、建设与管理任务重，各级水利部门要从水利改革发展全局的战略高度进一步加强水利信息化工作的组织领导，健全建设、管理和运行维护机构，统筹推进水利信息化发展。二是编制好信息化发展规划，完善技术标准。部信息办要加快《水利信息化发展"十三五"规划》报批工作，各地也要结合当地实际，编制好信息化发展规划，保证水利信息化建设工作的前瞻性和先进性，同时要加快技术标准的制修订工作，完善信息化标准体系。三是加大信息化建设投入，强化信息系统的运行维护。要进一步加强与有关部门的沟通协调，保证水利信息化资源整合、重点工程建设、网络与信息安全等工作的投入；要建立完善运行维护工作机制，按照水利信息系统运行维护定额标准将运行维护经费列入财政预算并足额保障；要积极探索通过政府购买服务等方式开展服务外包和运行维护管理，建立水利信息化运行管理长效机制。四是加强信息化业务培训，提高素质。要全覆盖、多方位、深层次地加强信息化培训工作，全面提升水利干部职工的信息化意识、使用信息工具和信息资源水平、利用信息手段解决问题和开展工作能力；遵循信息化人才成长规律，一方面加强水利信息化队伍的专业培训和知识更新，使他们跟得上信息技术发展步伐，另一方面制定切实可行的政策和激励机制，培养和引进信息化人才和复合型人才，为水利信息化提供可靠的人才保证。五是加强水利信息化宣传，营造氛围。要进一步加强水利信息化宣传工作，利用简报、网站、杂志、报刊等多种方式及时宣传水利信息化工作的经验和做法，各单位要及时对信息化工作和成果进行总结与上报，营造共同关心、支持、推动水利信息化的良好氛围。

最后，再强调一下党风廉政工作。近几年，水利信息化地位作用凸显，投入大幅增加，建设项目越来越多，市场竞争也越来越激烈。水利信息化工作领域在项目招投标、软硬件采购、系统建设等环节，面临越来越多的廉政风险问题。因此，希望大家要深入学习贯彻习近平总书记系列重要讲话精神，按照"三严三实"要求，严明纪律，自觉执行中央八项规定，不断加强廉政建设和作风建设，保证"四个安全"，营造水利信息化工作廉洁自律风清气正的良好氛围。

同志们，水利信息化建设事关水利改革发展全局，发展机遇难得，建设任务艰巨。我们要进一步贯彻落实中央新时期水利工作方针，紧密围绕水利中心工作和重点任务的要求，凝心聚力，真抓实干，进一步提升水利信息化能力和水平，为水利改革发展大局服好务、助好力！

强化整合　深化融合
全面发挥水利信息化带动和促进作用

水利部水利信息中心主任　邓坚

2015 年 9 月 23 日

根据会议安排，我代表水利部信息化工作领导小组办公室和水利信息中心，向各位代表作工作报告，我的报告分三个方面。

一、"十二五"水利信息化主要进展

"十二五"期间，按照"以水利信息化带动水利现代化"的发展思路，全国水利信息化在基础设施、业务系统、保障环境等方面都取得了显著进展。

（1）基础支撑逐步完善。

一是综合信息采集体系初步建成。"十二五"期间，随着国家防汛抗旱指挥系统工程、中小河流水文监测系统、水资源监控能力建设、山洪灾害监测预警系统等项目的实施，水利信息采集站点数量快速增加、采集内容大范围扩展、先进技术广泛应用，智能立体的水利综合信息采集体系初步构建。各类信息采集点达 14 万多处，自动采集率达 80％，较"十一五"末分别增长了 450％和 30％。水利部水文局组织开展了水生态监测，并利用卫星遥感实现地表水体的监测，长江委监测站网规划着力构建站网综合采集体系，黄委利用无人机监测冰凌实现业务化运行，上海利用物联网技术构建了"水联网"。

二是网络通信保障能力显著提高。水利部与流域机构、省级和重点工程单位政务外网实现 100％联通，省级与地市、地市与县级联通率分别提高到 87％和 58％，骨干网带宽扩充至 6 兆，为水利业务应用系统提供了网络支撑。建成了新一代水利卫星通信网，卫星小站扩充到 603 个，可实现语音、数据、图像传输，承担着水文数据采集、应急抢险、数据广播等业务。江苏、浙江、福建、河南、江西、宁夏等实现了省、市、县、乡的水利网络通信全覆盖。

三是异地会商视频会议系统不断拓展。异地会商视频会议系统已成为召开水利会议、进行异地会商的主要平台，覆盖范围、召开次数和使用人数增长迅速，水利部与流域机构、省级实现 100％联通，省级与地市、地市与县级联通率大幅增加，广东、浙江、河南实现了乡镇以上的视频会议系统互联，福建还扩展到了村。2014 年，仅省级以上水利部门组织的异地会商和视频会议参会人数就超过 25 万人次，大大提高了工作效能、节约了行政成本。

四是信息资源开发利用有效推进。从服务器、数据库、数据量以及水利数据中心、地理信息系统建设等方面，都充分体现出水利信息资源开发利用取得重要进展。省级以上水利部门配置了各类服务器 4500 余套，比"十一五"末增长了 55％。建成数据库 990 个、积累数据量 1PB，覆盖了防汛抗旱、水资源、水利工程、水土保持、农村水利、电子政务等水利工作各个方面。特别是第一次全国水利普查收集了 9900 多万个对象、约 4 亿项数据，首次形成了全面、系统、权威的基础水信息。水利数据中心建设和地理空间信息的应用也全面开展。广东等 19 个省份建设了数据中心，湖北等 15 个省份开展了地理空间信息系统建设，天津、浙江、福建、江西等还建成三维地理信息系统。

（2）业务应用效益显著。

一是国家防汛抗旱指挥系统成为各级防汛抗旱部门掌握信息和会商指挥的主平台。国家防汛抗旱指挥系统工程、中小河流水文监测系统、山洪灾害监测预警系统等项目建设，初步形成了覆盖县级以上水利部门的防汛抗旱指挥调度体系，广东、浙江、福建等洪涝灾害严重地区延伸到了乡镇一级，浙江、福建还实现了防汛防台预案到村。这些系统的建设和投入应用，为"十二五"期间夺取历次洪涝、台风、干旱及抗震救灾胜利提供了重要支撑。

二是水资源管理系统成为最严格水资源管理制度的重要支撑平台。国家水资源监控能力建设一期

工程即将完成，13000 多个国控用水监测点、2.4 亿城市集中人口的供水水源地、592 个重要省界水质断面、334 个重要省界水量断面的在线监测数据，可实时传输到各级相关水资源管理部门，对地方政府进行考核的 2600 多个水功能区进行全覆盖监测。黄河水量调度系统二期、黑河水量调度管理系统、塔里木河水量调度、珠江骨干水库统一调度管理信息系统等建成和完善，为黄河、黑河、塔里木河调水以及珠江压咸补淡等水资源调配提供了技术支撑。浙江依托水资源管理系统完成了 2014 年度对地市的考核工作。

三是水土保持信息管理系统成为水土流失监测治理的重要抓手。2013 年，水土保持信息管理系统二期项目通过验收，建成了由 7 个流域中心站、31 个省级总站、175 个分站和 750 多个监测点组成的监测站网，基本覆盖了各类水土流失类型区。水土保持监测技术手段更加丰富、监测能力显著增强，为 2013 年水土流失与生态安全综合科学考察、南水北调中线工程等重大工程水保监测等工作提供了支撑。

四是农村水利管理信息系统成为农村饮水安全工程和灌区管理的有效手段。中国农村水利管理信息系统实现了 10 类农水项目的全流程管理。去年 11 月，李克强总理专程到我部考察时，就是通过农村水利管理信息系统方便直观地了解到农村饮水安全进展情况。此外，投资近 11 亿元在 153 处大型灌区开展了信息化建设，配合东北四省区节水增粮行动开展了信息化示范。内蒙古河套灌区利用遥感技术评估灌溉面积，宁夏利用物联网对分散的农村集中供水工程进行管理。这些对于提升农村水利管理水平和饮水安全保障能力、提高灌区水资源利用效率等发挥了重要的作用。

五是水库移民管理信息系统成为加强库区移民管理和服务的基础平台。全国水库移民后期扶持资金管理信息系统投入应用后，2013 年又启动了水库移民省级分中心建设，系统覆盖了县级以上四级移民管理机构和单位近 3000 用户，4000 多座大中型水库和 2300 多万后期扶持人口的基本信息库，为移民资金使用可追溯提供了可靠依据，为维护库区和移民区社会稳定发挥了重要作用。

六是信息化成为水利工程建设和运行管理水平提升的重要保障。水利部建成水利建设信用信息平台，发布了 29 万名从业人员、2528 家市场主体信用信息，动态发布了 200 余条不良行为。水利安全生产信息上报系统覆盖了乡镇以上 6 万多家水管单位和近 30 多万个水利工程，成为各级水利部门进行安全生产管理的主平台，扭转了水利安全监管被动局面。水利建设项目管理及投资信息直报系统覆盖了县级以上规划计划部门，用户每月上报水利建设项目投资进度、工程量进度以及工程效益等指标。黄委利用遥感技术及时对滩区和河道违建进行监测，淮委在重要采砂河段安装视频监控设备，上海市采用网格化对海塘、黄浦江和苏州河堤防进行巡查、养护、监管。这些系统的建设和应用，提高了水利工程建设管理、运维养护和安全生产水平，增强了政府监管能力。

七是电子政务成为水利工作和服务公众的重要平台。水利部门在综合办公、规划计划、人事管理、财务管理、科技管理、国际合作、远程教育、行政审批等方面广泛应用信息系统，提高了工作效能和公众服务水平。27 家省级以上水行政主管部门实现了公文流转无纸化，全国水行政许可网上办理比例达到近 60%。福建提供网上全程"五星级"服务，受理行政审批 1770 件中无一超期。水利财务管理信息系统覆盖 347 个部直属各级单位，实现水利部所有财务业务的集中管理和监控。水利教育培训网发布课件超过 500 门约 2000 学时，开户数 1 万多个，2014 年向各级水利业务工作者提供了 18 万学时的网上培训服务。

移动办公也迅速发展，上海、浙江、福建等单位搭建了移动办公平台，宁夏移动办公平台覆盖了全区乡以上水利部门。上海推出微信企业号、微信订阅号、移动 App 的移动应用组合服务套餐，为市民提供随时随地水利公共服务。浙江推出的水利移动门户在 2015 年"灿鸿"台风期间，创下单小时峰值破百万、日访问量 1400 万人次的记录，其中移动终端的访问量达 1000 万人次。

水利门户网站作为水利宣传的主要渠道和提供公众服务的重要平台，访问量、访问高峰值屡创新高、屡获嘉奖，水利部网站的"农村饮水安全"和"水情预警信息发布"获评"2014 年政府网站信息公开精品栏目"，"在线访谈"获评"2014 年政府网站政民互动精品栏目"，上海、浙江、广东、福建、新疆水利门户网站也纷纷获奖。

（3）保障环境持续优化。

一是投资强度前所未有。据不完全统计，"十二五"期间，各级水利部门加强了水利信息化的投资力度，仅前 4 年就投入水利信息化建设项目投资超过 70 亿元，是"十一五"期总投入的 2.5 倍，为水利信息化发展提供了资金保障。

二是整合共享取得突破。水利部印发了《水利信息化资源整合共享顶层设计》，海委、太湖局、甘肃也印发了顶层设计；各流域机构、省级水利部门已经编制或正在编制水利信息化资源整合共享实施方案。在顶层设计框架下，水利部整合已有资源建成了基础设施云、一张图、水利门户、安全等共享资源，"水利一张图"在本次会上正式发布启用，信息资源目录也将在演示中看到。长江委整合共享工作取得了积极成效，初步形成了与水利部同构的一张图、一致的目录服务、统一的基础数据库、协同的支撑平台、互通的交换系统，江苏省试点也取得初步成果。

三是规划前期工作有序开展。全国水利信息化发展"十二五"规划正式发布，"十三五"规划已完成征求意见稿编制工作，水利部积极参与国家政务信息化、空间基础设施、航天等方面的"十三五"规划编制工作。前期工作方面，完成了水利安全生产信息化工程的立项，编制了生态环境保护信息化工程、电子政务内网与国家电子政务内网对接、国家自然资源和地理空间基础信息库项目二期工程立项材料。17 个省区市也印发了"十二五"规划，黄委、太湖局分别编制了智慧黄河、智慧太湖规划。

四是制度标准稳步推进。水利部积极开展《水利信息化建设管理办法》修订工作，黄委、长江委、太湖局等 3 个流域机构，以及天津、辽宁、黑龙江、江苏、浙江、广东、福建、安徽、河南、湖南、湖北、甘肃等 12 个省市印发了水利信息化建设管理办法。水利部共颁布水利信息化行业标准 27 项，数量是"十一五"的两倍。

五是网络与信息安全明显加强。"十二五"期间，全国水利系统从统一安全管理、安全检查、安全风险评估、应急预案、数据备份、异地灾备等方面加强网络与信息安全工作。省级以上水利部门中，38 家开展了安全检查、23 家开展了安全风险评估、28 家制定了应急预案、35 家流域机构、省分进行了本地数据备份、11 家建设了远程异地容灾数据备份系统。95 个三级以上重要信息系统中的 48 个通过了的测评。

二、把握机遇，科学谋划"十三五"水利信息化工作

刚才，汪洪总工的重要讲话中分析了水利信息化面临的新形势新机遇新挑战。"十二五"即将结束，"十三五"就要到来，提前准备、科学谋划好"十三五"水利信息化工作，非常重要和迫切。

（1）提高认识，明确思路。

"十三五"时期，是实现全面建设小康社会宏伟目标的关键时期，是深化水利重要领域和关键环节改革的攻坚时期。积极谋划和全面做好"十三五"水利信息化工作，是适应信息技术迅猛发展的迫切要求、是顺应国家信息化进步的必然选择，也是保障水利改革发展任务顺利实现的必由之路。因此，需要我们进一步提高思想认识，将水利信息化工作摆在更加重要和突出的战略位置。

"十三五"水利信息化发展的总体思路是：深入贯彻落实中央提出的新时期水利工作方针，紧紧围绕"十三五"水利改革发展目标，坚持统筹规划，实施顶层设计，强化资源整合，促进协同共享，加快信息技术创新，深化资源开发利用，通过建立集约完善的水利基础设施体系、整合共享的水利信息资源体系、协同智能的水利业务应用体系、安全可控的水利网络与信息安全体系、优化完备的水利信息化保障体系，实现"数字水利"向"智慧水利"转变，为"十三五"水利改革发展提供全面服务和有力支撑，带动和促进水利现代化进程。

"十三五"水利信息化要强调从侧重基础设施建设向全面提升应用水平转变、从分散建设向集约化建管转变、从面向行业服务向面向社会服务拓展转变、从强调单一发展向强化安全发展转变、从数字水利向智慧水利转变。整体工作推进要遵循以下基本原则：

一是统筹协调。要站在水利改革发展全局高度，按照水利信息化顶层设计统筹规划和综合协调水利信息化项目建设，结合各部门业务需求，合理设定建设任务，科学量化工作目标。二是融合创新。深化信息技术与各项水利工作融合，将创新应用作为着力点和驱动力，强化信息化对水利各业务的服务与支撑，同时将水利改革发展纳入信息时代背景去设计和推进。三是整合共享。强力推进各类信息化资源整合共享，强化跨部门、跨区域的信息资源开发利用和整合共享，最大限度发挥水利信息化资源的作用和效能。四是安全发展。坚持发展与安全并重，结合系统建设需求，按照国家要求通盘考虑安全防御、管理和运维，提高网络与信息安全保障水平。

（2）理清任务，明确重点。

为保证"十三五"水利信息化总体目标的实现，就是要抓好"五大体系建设"的重点任务。

一是水利基础设施体系建设。科学规划，优化布局，建设水利信息采集体系。主要包括综合信息采集系统构建、移动监测能力建设及工程信息采集；进一步优化网络架构、完善通信布局，建设水利通信网络体系，主要包括政务外网、卫星通信网、移动互联网三个方面的建设任务；加大资源整合力度，深化虚拟化应用，建设云化资源环境，通过对计算、存储资源的整合，实现统一调度、管理和服务，提供集约化的基础设施服务。

二是水利信息资源体系建设。丰富信息源，强化数据整合，促进信息共享，建设水利信息资源体系。在信息资源梳理和信息资源规划的基础上，统一水利数据模型，建立统一的数据交换平台，并开展大数据分析平台试点建设，加强数据知识化处理能力建设。

三是水利业务应用体系建设。深度融合信息技术和应用，强化应用整合，促进业务协同，围绕水多、水少、水脏、水浑等水问题和民生水利，结合新时期大规模水利建设、节水型社会建设和生态文明建设，建设水利业务应用体系，促进水利由过去的重点对业务的支撑向业务、行政的全面支撑，由过去的粗放管理向精细化管理转变。

四是水利网络与信息安全体系建设。建立水利网络安全体系总体框架，继续落实国家信息安全分级保护和等级保护制度，加强水利基础网络安全环境设施，统筹部署安全保障措施，重点保障关键基础设施、工程控制和信息系统的安全，构筑网络安全纵深防御系统、网络安全监督管理系统和网络安全应急响应恢复系统。

五是水利信息化保障体系建设。从管理制度、标准规范、运行维护、人才保障、科技创新等方面强化水利信息化保障体系，重点完善信息化工程协同建设、资源整合共享方面的管理办法，加快推进资源整合共享相关标准规范的编制，落实运行维护经费、完善运行维护平台建设，强化人才培训、队伍建设和新技术应用研究等工作。

（3）加强研究，编好规划。

一是要编制好《全国水利信息化发展"十三五"规划》。这项规划是水利发展"十三五"规划的重要内容，是指导各地水利信息化今后 5 年发展的纲领性文件，意义重大。近期，部信息办组织编制了《全国水利信息化发展"十三五"规划》并在本次会议上征求意见。请各单位认真研究，提出修改意见。部信息办还要抓紧规划的报批工作，为明年水利信息化各项工作的开展做好铺垫。

二是要编制好流域机构、各省水利信息化发展规划。各地要高度重视本地水利信息化发展规划的编制工作，按照全国规划的总体要求，结合本地实际，找准问题和差距，及时向主要领导和有关领导汇报，加强与综合、规划、财务等部门沟通，充分征求各业务部门和单位的意见，科学地、前瞻性地做好规划编制工作，并将水利信息化重点建设任务和项目纳入水利发展"十三五"规划中。同时，还要加强与发展改革等部门的汇报沟通，主动参与各地政务信息化工程，积极争取将水利业务需求纳入相关行动计划、政务信息化工程等项目。

三、突出重点，扎实做好近期水利信息化工作

（1）全力推进水利信息化资源整合共享。

当前和今后一段时期，资源整合共享是水利信息化的关键工作，各单位一定要高度重视，抓好落实。一是加强组织领导。这项工作牵一发而动全身，既有技术层面的难度，更有理念、管理乃至利益问题。因此，要解放思想，从大局和长远考虑，加强对整合共享工作的统筹规划、统一组织，建立健全协作机制，明确综合、业务和信息化等部门各自的分工和责任。二是强化制度标准建设。制度是保障、标准是基础，要按照数据梳理、传输交换、数据存储、图示表达和产品服务，以及项目建设管理和系统运行维护等工作环节，制定切实可行的管理办法和相关标准规范。三是推广"水利一张图"应用。各单位要按照"水利一张图"总体要求，加快推进本地"水利一张图"的完善和应用，尽快形成上下协同的基于"水利一张图"的地图应用和数据更新体系。还要创造性地在"水利一张图"基础上开展工作。四是推进水利信息资源目录建设。水利部已搭建了水利信息资源目录体系，水利部和长江委节点的大批信息资源已经纳入，各流域机构和省级水利部门要按照标准充实目录系统上各自节点的信息资源，尽快形成全国一棵树的目录服务体系。五是健全统一认证体系。水利部已构建了政务外网身份认证系统，一些重点工程已很好地应用该认证体系。今后，上下贯通的水利信息系统将利用这套认证体系开展用户统一管理，请各单位在开展信息化资源整合共享时充分考虑这项要求。六是推动水利交换平台应用。水利部构建了覆盖水利部、流域机构、省级水利部门的统一交换平台，支持多种数据类型、多种交换接口的安全可控交换，国家水资源监控能力建设项目、国家地下水监测工程等项目都依托该交换平台进行数据交换。各业务系统要根据需要，已有交换系统需要通过交换适配器扩展或改造接入统一交换平台，新建业务系统涉及跨区域、跨单位、跨系统的交换均不得另辟交换渠道。七是促进门户整合共享。门户主要提供单点登录、内容聚合、个性化定制等服务，各级水利部门应依托现有资源整合内网门户、业务网门户和移动互联网门户，各类业务应用应聚合到门户，流域机构和省级有关门户要处理好与水利部门户、省级政府门户等的关系。

（2）着力推进重点工程建设。

毫无疑问，水利信息化重点工程依然是推进水利信息化的重要抓手，要加快推进防汛抗旱应急、水资源管理、水利工程建设管理等重点项目的建设。一是扎实推进国家防汛抗旱和应急指挥保障能力建设。在国家防汛抗旱指挥系统二期工程建设中，既要充分利用"水利一张图"、信息资源目录、用户管理、交换平台、移动平台等水利信息化已有资源，也要将山洪灾害、防洪风险图的建设成果纳入系统并供其他业务系统调用，还要超前谋划国家防汛抗旱指挥系统后续建设，继续领跑全国水利信息化建设。此外，要配合国家应急体系建设的要求，着力强化极端洪涝灾害、恶劣天气条件、突发应急事件等情景下的应急指挥调度能力建设。二是加快推进水资源管理信息系统建设。国家水资源监控能力建设项目一期工程已基本建成，需要在应用中进一步充实数据、完善功能，各级信息化部门要为水资源管理部门的系统应用提供好技术支持和运维服务。要加快谋划二期建设任务，在补充一期建设内容的基础上拓展节水型社会建设、水资源应急管理等方面的需求。要继续积极推进生态环保信息化工程，做好与环保、城建、工信、农业等部门的信息共享和业务协同，补充水资源管理和水生态文明建设数据。水土保持管理信息系统建设方面，要依据水利部出台的 2020 年前《全国水土保持信息化实施方案》扎实开展工作。三是有序推进水利工程建设管理信息基础设施建设。水利工程建设管理及运维养护的信息化是水利信息化的重要方面，水利建设前期工作、建设管理、运行管理以及市场监管、安全监管等方面都需要加强信息系统建设，前期工作方面要推进规划设计软件工具产品化、规模化，建设管理方面需要充分利用信息系统加强全过程的管理，运行管理方面需要充分利用物联网等技术强化工程运行状况监测，运用移动互联网等技术强化工程养护过程管理，市场监管方面需要加强市场主体、从业人员的管理并做好与公共资源交易市场的对接。安全生产监管方面，要扎实推进水利安全生产监管信息化一期工程。河湖水域岸线管理、水政监察基础设施建设等方面，要在做好试点工作基础上推广应用。四是积极推进其他水利信息化重点任务建设。农村水利管理方面，要在中国农村水利管理信息系统的基础上，依托灌区节水改造、农村饮水安全提质增效、农田水利建设等重点任务，围绕农村水利工程点多面广、资金分散、运维困难等问题，创造性地利用新技术开展建设，提高农村水利管理信息化水平。水库移民管理方面，需要在完善后期扶持资金管理的基础上，开展前期安置管理信息系统建设。水利电子政务方面，按照中央和国家有关要求开展相关建设，强化为民服务的行政审批、信息公开、数据公开等系统建设。通信保障方面，要在防汛重点区、自然灾害频发区、位置偏远水文站、条件艰苦水管单位、公网能力薄弱区域强化水利卫星通信网络的应用。

（3）不断加强水利网络与信息安全工作。

网络与信息安全方面，汪洪总工已在讲话中进行了强调，我再提几点具体落实措施。

一是尽快出台水利网络与信息安全顶层设计。部信息办正在编制水利网络与信息安全顶层设计，要加紧咨询、征求意见和印发工作，各流域机构、各省区市要根据顶层设计编制实施方案，加快建设和完善网络与信息安全体系。二是强化网络信息安全队伍建设。水利网络信息与安全专业人才极为缺乏，各级水利部门要从存量和增量等方面缓解，存量方面主要是加强现有人才队伍的培训，就是要通过加强水利决策层、管理层和执行层等各级人员对网络和信息安全的学习，整体提升水利网络安全的认识水平、监管水平、服务水平；增量方面，要加大网络信息安全专业人才引进力度。三是加强国产化和正版化工作。交换机、服务器、信息安全软件等核心软硬件要加快国产化进程，已建系统要加快国产化产品替换，新建系统非国产化软硬件采购要严格按照政府采购有关规定办理，还要加快软件正版化工作。四是统筹数据备份能力建设。水利部已在黄委落实了水利部灾备中心，各流域机构、各省区市可以利用该备份资源，特别要加快对重要数据进行同城备份和异地灾备。

同志们，全面做好"十三五"水利信息化工作，使命光荣，任务艰巨，责任重大。我们要进一步顺应信息时代发展潮流，按照"十三五"改革发展的要求和目标，攻坚克难，开拓创新，扎实工作，努力推进水利信息化工作再上新台阶，为实现有中国特色水利现代化作出新的更大的贡献！

附录 2　截至 2015 年年末已颁布的水利行业信息化技术标准

序号	标准名称	状态	标准编号
1	水利政务信息编制规则与代码	颁布	SL 200—2013
2	水利工程代码编制规规范	颁布	SL 213—2012
3	中国湖泊名称代码	颁布	SL 261—98
4	中国水库名称代码	颁布	SL 259—2000
5	中国水闸名称代码	颁布	SL 262—2000
6	中国蓄滞洪区名称代码	颁布	SL 263—2000
7	水文自动测报系统技术规范	颁布	SL 61—2015
8	水利系统通信业务导则	颁布	SL 292—2004
9	水利系统无线电技术管理规范	颁布	SL 305—2004
10	水利系统通信运行规程	颁布	SL 306—2004
11	水利信息网命名及 IP 地址分配规定	颁布	SL 307—2004
12	实时水雨情数据库表结构与标识符标准	颁布	SL 323—2011
13	基础水文数据库表结构及标识符标准	颁布	SL 324—2005
14	水质数据库表结构与标识符规定	颁布	SL 325—2014
15	水情信息编码标准	颁布	SL 330—2011
16	地下水监测规范（含地下水数据库表结构与标识符）	颁布	SL 183—2005
17	水利信息系统可行性研究报告编制规定（试行）	颁布	SL/Z 331—2005
18	水利信息系统初步设计报告编制规定（试行）	颁布	SL/Z 332—2005
19	水土保持信息管理技术规程	颁布	SL 341—2006
20	水土保持监测设施通用技术条件	颁布	SL 342—2006
21	水利信息系统项目建议书编制规定	颁布	SL 346—2006
22	水资源实时监控系统建设技术导则	颁布	SL/Z 349—2015
23	水利基础数字地图产品模式	颁布	SL/Z 351—2006
24	水利信息化常用术语	颁布	SL/Z 376—2007
25	水资源监控管理数据库表结构及标识符标准	颁布	SL 380—2007
26	水文数据 GIS 分类编码标准	颁布	SL 385—2007
27	实时水情交换协议	颁布	SL/Z 388—2007
28	全国水利通信网自动电话编号	颁布	SL 417—2007
29	水利地理空间信息元数据标准	颁布	SL 420—2007
30	水资源监控设备基本技术条件	颁布	SL 426—2008
31	水资源监控管理系统数据传输规约	颁布	SL 427—2008
32	水利信息网建设指南	颁布	SL 434—2008
33	水利系统通信工程验收规程	颁布	SL 439—2009
34	水利信息网运行管理规程	颁布	SL 444—2009
35	水土保持监测站编码	颁布	SL 452—2009
36	人才管理数据库表结构及标识符	颁布	SL 453—2009

序号	标　准　名　称	状态	标准编号
37	水资源管理信息代码编制规定	颁布	SL 457—2009
38	水利科技信息数据库表结构及标识符	颁布	SL 458—2009
39	水利信息核心元数据标准	颁布	SL 473—2010
40	水利信息公用数据元标准	颁布	SL 475—2010
41	水利信息数据库表结构与标识符编制规范	颁布	SL 478—2010
42	水文测站代码编制导则	颁布	SL 502—2010
43	水土保持数据库表结构及标识符	颁布	SL 513—2011
44	水利信息处理平台技术要求	颁布	SL 538—2011
45	中国河流代码	颁布	SL 249—2012
46	泵站计算机监控与信息系统技术导则	颁布	SL 538—2012
47	地下水数据库表结构及标识符	颁布	SL 586—2012
48	水利数据中心管理规程	颁布	SL 604—2012
49	大中型水利水电工程移民数据库表结构及标识符	颁布	SL 603—2013
50	水利信息化系统验收规范	颁布	SL 588—2013
51	水利信息化业务流程设计方法通用指南	颁布	SL/Z 589—2013
52	水利视频监视系统技术规范	颁布	SL 515—2013
53	旱情信息分类	颁布	SL 546—2013
54	水利应急通信系统建设指南	颁布	SL 624—2013
55	水利规划计划项目代码编制规定	颁布	SL 500—2013
56	水利文献数据库表结构与标识符	颁布	SL 607—2013
57	水利文档分类	颁布	SL 608—2013
58	水土保持元数据标准	颁布	SL 628—2013
59	小流域划分及编码规范	颁布	SL 653—2013
60	水文监测数据通信规约	颁布	SL 651—2014
61	土壤墒情数据库表结构及标识符	颁布	SL 437—2014
62	水利建设市场主体信用信息数据库表结构及标识符	颁布	SL 691—2014
63	历史大洪水数据库表结构及标识符	颁布	SL 591—2014
64	水利信息分类	颁布	SL 701—2014
65	水利系统通信工程质量评定规程	颁布	SL 694—2015
66	水文自动测报系统设备遥测终端机	颁布	SL 180—2015
67	水利信息系统运行维护规范	颁布	SL 715—2015
68	水利政务信息数据库表结构及标识符	颁布	SL 707—2015
69	水利工程建设与管理数据库表结构及标识符	颁布	SL 700—2015
70	水利空间要素图式与表达规范	颁布	SL 730—2015

附录3　2015年颁布的水利信息化技术标准、规范

单位名称	信息化技术标准、规范名称	实施范围	颁布日期/年-月-日	标准编号
水利部机关	水利系统通信工程质量评定规程	全国水利行业	2015-01-04	SL 694—2015
	水文自动测报系统设备遥测终端机	全国水利行业	2015-02-02	SL 180—2015
	水利信息系统运行维护规范	全国水利行业	2015-03-05	SL 715—2015
	水利政务信息数据库表结构及标识符	全国水利行业	2015-04-10	SL 707—2015
	水利工程建设与管理数据库表结构及标识符	全国水利行业	2015-05-20	SL 700—2015
	水利空间要素图式与表达规范	全国水利行业	2015-11-30	SL 730—2015
长江水利委员会	长江水利委员会信息化技术标准体系	长江委全部单位	2015-11-10	
黄河水利委员会	黄委网络和信息安全防护技术规程（试行）	委属各单位	2015-12-07	
北京市水务局	信息数据分类与代码	北京市水务局	2015-07-24	
	计算机软件测试文件编制规范	北京市水务局	2015-06-13	
	地表水和污水监测技术规范	北京市水务局	2015-04-22	
	水文自动测报系统规范	北京市水务局	2015-03-05	
	河流、流域名称代码	北京市水务局	2015-01-28	
	山区河流水文地貌评价导则	北京市水务局	2015-01-28	
	山区河流生态监测技术导则	北京市水务局	2015-01-28	
天津市水务局	电子招标投标系统检测认证管理办法（试行）	天津市水务局	2015-08-01	
河北省水利厅	河北省水利厅数据中心应用服务规范	河北省水利厅机关	2015-07-01	
	河北省水利厅数据中心运行维护管理办法	河北省水利厅机关	2015-07-01	
	河北省水利厅数据中心数据更新规范	河北省水利厅机关	2015-07-01	
	河北省水利厅数据中心水利信息传输与交换规范	河北省水利厅机关	2015-07-01	
	河北省水利厅数据中心水利信息质量控制规范	河北省水利厅机关	2015-07-01	
	河北省水利厅数据中心水利信息分类及编码规范	河北省水利厅机关	2015-07-01	
	河北省水利厅数据中心元数据管理规范	河北省水利厅机关	2015-07-01	
	河北省水利厅数据资源共享管理办法	河北省水利厅机关	2015-07-01	
山西省水利厅	教育信息化建设技术标准	山西水利职业技术学院	2015-12-16	
安徽省水利厅	安徽省水利水电勘察设计院门户网站及局域网管理办法	安徽省水利设计院	2015-01-01	
江西省水利厅	门户网站水情预警订阅	江西省市水文局、省水利厅	2015-04-02	
山东省水利厅	单点登陆和统一用户接入规范	山东省中小河流项目	2015-12-30	
	系统设备命名规范	山东省中小河流项目	2015-12-30	
	系统安全要求规范	山东省中小河流项目	2015-12-30	
	统一用户管理和安全认证管理制定标准规范	山东省中小河流项目	2015-12-30	
	山东水文信息管理系统业务应用标准	山东省中小河流项目	2015-12-30	
	平台应用系统的日志记录规范	山东省中小河流项目	2015-12-30	
	应用软件技术规范	山东省中小河流项目	2015-12-30	
	管理和配置信息规范	山东省中小河流项目	2015-12-30	
	山东省中小河流水文监测系统各分系统与应用集成支撑软件的接入规范	山东省中小河流项目	2015-12-30	

续表

单位名称	信息化技术标准、规范名称	实施范围	颁布日期/年-月-日	标准编号
山东省水利厅	数据交换平台管理规范	山东省中小河流项目	2015-12-30	
	山东省中小河流水文监测系统预报预警服务系统GIS地图标准规范	山东省中小河流项目	2015-12-30	
	编码规范	山东省中小河流项目	2015-12-30	
广东省水利厅	《水文监测数据通信规约》细则	广东省水文行业	2015-02-01	
新疆维吾尔自治区水利厅	塔河通信传输协议	塔里木河流域	2015-12-01	

附录4　2015年全国水利通信与信息化十件大事

1. 水利部网络安全与信息化领导小组成立

水利部为进一步增强水利信息化工作的组织领导和统筹协调，合并原信息化工作领导小组和网络与信息安全工作领导小组，成立水利部网络安全与信息化领导小组，陈雷部长担任组长，刘宁副部长任常务副组长，领导小组办公室设在水利部水利信息中心。

2. 水利信息化资源整合共享取得突破

水利部印发《水利信息化资源整合共享顶层设计》，各流域机构和大部分省（自治区、直辖市）制定《水利信息化资源整合实施方案》；水利部明确部水利信息中心为水利信息化技术标准归口管理部门，进一步强化信息化标准的统一管理；资源整合共享的相关技术标准制定取得新进展；水利部机关信息化整合共享项目立项；长江水利委员会、江苏省资源整合共享试点工作取得积极成效。

3. 信息化龙头工程快速推进

国家防汛抗旱指挥系统二期工程加大建设管理力度，强化整合共享，项目招投标和合同签订工作稳步推进，各单项工程进展顺利；国家水资源监控能力建设一期工程基本完成三大监控体系和三级信息平台建设，水利部本级和流域机构建设任务正在终验，省级项目建设任务完成率达到85％以上，13个省级项目已通过技术评估。

4. 水利业务应用效益显著

基层水利服务机构、农民用水合作组织和灌溉试验站等信息管理全面加强，进一步提升全国农村水利信息化水平；水利部成立行政审批受理中心，统一受理部行政审批事项，并实现网上预受理、预审查；水利财务管理系统于2016年1月1日正式运行，实现水利部所有财务业务和财政资金的集中管理和监控；水利安全生产信息上报系统投入应用，为"四不两直"安全检查新模式提供技术支撑；水利卫星通信网规模已达610个小站，在偏远地区信息采集、应急通信方面发挥重要作用。

5. 水利网络安全明显增强

网络安全监督检查机制基本形成；水利部涉密网络、国家级重要信息系统、重点网站以及水利信息网等安全检查全面完成，并通过公安部现场执法检查，获得肯定；7个流域机构等级保护改造全面完成；水利网络安全顶层设计顺利启动。

6. 信息资源开发应用深入推进

涵盖国家基础地理、水利基础空间、水利业务专题和水利遥感等基础数据及应用的"水利一张图"正式发布；依托高分重大专项水利高分遥感业务应用示范系统（一期），开发相关数据应用和服务，为172项重大水利工程建设、水旱灾害监测、水资源监测评价、水土保持监测评价、西部测湖等业务提供有力信息支撑。

7. 地理信息共享合作框架协议正式签署

2015年10月，"国家测绘地理信息局、水利部地理信息共享合作框架协议"正式签署，遵循优势互补、互惠互利、互相支持、共同发展原则，双方相互提供基础更新数据和技术服务，为"水利一张图"实时更新提供制度保障。

8. 信息新技术应用成果显著

由河海大学和水利部水利信息中心等完成的"海量数据驱动的水文多要素监测预报关键技术与应用"获国家科技进步二等奖；由武汉大学和部水利信息中心完成的"水利应急响应遥感智能服务平

台"获 2015 年大禹水利科学技术一等奖，由北京市水务信息管理中心等完成的"城市水资源精细化动态管理方法及立体监测技术研究与示范"和山东省水利信息中心完成的"基于云计算的水利物联网集成在山东的应用研究"获 2015 年大禹水利科学技术二等奖，由江苏省水文水资源勘测局等完成的"水文自动测报系统集成整合关键技术研究与应用"获 2015 年大禹水利科学技术三等奖。

9. 水利门户网站连获殊荣

水利部网站在 2015 年中国政府网站绩效评估中，位居部委网站第四名，并荣获政府透明度领先奖，全国水雨情专栏被评为"2015 年政府网站信息公开精品栏目"，网上答题专栏被评为"2015 年政府网站政民互动精品栏目"；安徽省水利厅网站获省优秀政府网站奖；水利政府网站普查全面深入开展，普查的 40 个水利网站全部合格。

10. 流域和地方信息化管理取得成效

《长江委信息化顶层设计》印发，统筹规划和推进长江委信息化建设；《黄河水利委员会信息化建设管理办法》颁布，进一步加强和规范黄委信息化建设；山东省建成水利市场信用信息、建设项目公开和工程交易三大平台，实现建设项目一体化监管。

附录5 2015年全国水利信息化发展现状

（一）2015年度省级以上水利部门颁布的信息化管理制度清单

单位名称	信息化管理制度及相关文件名称	适用范围	颁布日期/年-月-日
长江水利委员会	长江水利委员会信息化发展水平评价办法（试行）	长江水利委员会全部单位	2015-12-24
	长江水利委员会信息系统运行管理办法（试行）	长江水利委员会全部单位	2015-12-24
	长江水利委员会网络与信息安全管理办法（试行）	长江水利委员会全部单位	2015-12-24
	长江水利委员会信息化与网络安全工作领导小组办公室工作细则	长江水利委员会全部单位	2015-11-12
	长江水利委员会信息化与网络安全工作领导小组工作规则	长江水利委员会全部单位	2015-11-12
黄河水利委员会	黄河水利委员会网络和信息安全管理办法	黄河水利委员会全部单位	2015-04-02
	黄河水利委员会信息化建设管理办法	黄河水利委员会全部单位	2015-04-28
	黄河水利委员会网络和信息安全考核办法	黄河水利委员会全部单位	2015-12-07
	黄河水利委员会网络安全与信息化工作领导小组工作规则、黄河水利委员会网络安全与信息化领导小组办公室工作细则	黄河水利委员全部单位	2015-04-08
	山东河务局电子公文交换及管理办法	山东河务局	2015-05-01
	黄河水利委员会网络安全与信息化工作领导小组工作规则	黄河水利委员会全部单位	2015-04-08
	陕西河务局信息化建设管理办法	陕西河务局及局属单位	2015-07-07
海河水利委员会	海河水利委员会机关政务外网系统测试验收安全管理规定	海河水利委员会机关	2015-11-11
	海河水利委员会机关政务外网信息系统安全等级测评管理规定	海河水利委员会机关	2015-11-11
	海河水利委员会机关政务外网机房安全管理规定	海河水利委员会机关	2015-11-11
	海河水利委员会机关政务外网介质安全管理规定	海河水利委员会机关	2015-11-11
	海河水利委员会机关政务外网资产安全管理规定	海河水利委员会机关	2015-11-11
	海河水利委员会机关政务外网终端信息安全管理规定	海河水利委员会机关	2015-11-11
	海河水利委员会机关政务外网系统备份与恢复管理规定	海河水利委员会机关	2015-11-11
	海河水利委员会机关政务外网系统安全管理规定	海河水利委员会机关	2015-11-10
	海河水利委员会机关政务外网账号密码管理规定	海河水利委员会机关	2015-11-10
	海河水利委员会机关政务外网系统补丁管理规范	海河水利委员会机关	2015-11-10
	海河水利委员会机关政务外网网络安全管理规定	海河水利委员会机关	2015-11-10
	海河水利委员会机关政务外网防病毒管理规定	海河水利委员会机关	2015-11-10
	海河水利委员会机关政务外网信息安全事件报告和处置管理规定	海河水利委员会机关	2015-11-10
	海河水利委员会机关政务外网网络与信息安全管理办法	海河水利委员会机关	2015-11-10
	海河水利委员会机关政务外网信息安全管理制度编制规定	海河水利委员会机关	2015-11-11
	海河水利委员会机关政务外网安全组织及职责管理规定	海河水利委员会机关	2015-11-11
	海河水利委员会机关政务外网第三方运维外包安全管理规定	海河水利委员会机关	2015-11-11
	海河水利委员会机关政务外网信息安全检查管理规定	海河水利委员会机关	2015-11-11
	海河水利委员会机关政务外网信息系统定级管理规定	海河水利委员会机关	2015-11-11
	海河水利委员会机关政务外网信息安全教育及安全教育培训管理规定	海河水利委员会机关	2015-11-11
	海河水利委员会机关政务外网外部人员安全管理规定	海河水利委员会机关	2015-11-11

续表

单位名称	信息化管理制度及相关文件名称	适用范围	颁布日期/年-月-日
海河水利委员会	海河水利委员会机关政务外网系统设计安全管理规定	海河水利委员会机关	2015-11-11
	海河水利委员会机关政务外网产品及服务采购安全管理规定	海河水利委员会机关	2015-11-11
	海河水利委员会机关政务外网代码编写安全规定	海河水利委员会机关	2015-11-11
	海河水利委员会机关政务外网系统实施安全管理规定	海河水利委员会机关	2015-11-11
	海河水利委员会机关政务外网系统交付安全管理规定	海河水利委员会机关	2015-11-11
珠江水利委员会	珠江水利委员会水利信息系统运行维护流程	珠江水利委员会	2015-06-30
松辽水利委员会	察尔森水库管理局网站信息管理暂行办法	察尔森水库管理局	2015-05-01
	察尔森水库管理局网络安全管理制度	察尔森水库管理局	2015-05-01
太湖流域管理局	太湖局桌面及外围设备运维管理办法	太湖局及直属单位	2015-01-01
流域小计/项	42		
北京市水务局	北京市官厅水库管理处网络与信息安全暂行管理办法	官厅水库管理处	2015-05-04
	北京市官厅水库管理处上网行为暂行管理办法	官厅水库管理处	2015-05-04
	北京市水科学技术研究院信息化管理办法	北京水科学技术研究院	2015-01-01
	北京市防汛办项目管理细则（京政汛办〔2015〕）	北京市防汛办各类项目	2015-12-21
	北京市防汛办信息化系统运行维护管理制度（京政汛办〔2015〕65 号）	北京市防汛办各类信息化项目	2015-12-28
	北京市水政监察大队信息化管理制度	大队内部	2015-01-01
	节水管理中心计算机使用安全管理规定	北京市节约用水管理中心	2015-04-16
	北京市节约用水管理中心综合信息平台维护管理办法（试行）	北京市节约用水管理中心	2015-07-06
	节水管理中心信息系统运维管理办法（试行）	北京市节约用水管理中心	2015-04-16
山西省水利厅	信息公开保密审查制度	山西水利职业技术学院	2015-12-03
	全省水库水位水质监测及地下水位监测与维护管理办法	山西省水利行业	2015-04-01
辽宁省水利厅	辽宁省山洪灾害防治项目验收管理细则	辽宁省水利行业	2015-10-27
	辽宁省水利信息中心运维管理制度	辽宁省水利信息中心	2015-12-01
	辽宁省水利信息中心信息安全管理制度	辽宁省水利信息中心	2015-11-01
上海市水务局	信息系统运维管理导则	上海水务局	2015-12-31
	关于信息系统运维管理细则的编制要求	上海水务局	2015-12-31
	信息系统运维管理细则	上海水务局	2015-12-31
	信息系统项目驻场人员管理办法	上海水务局	2015-12-31
浙江省水利厅	浙江水利水电学院信息化建设管理办法	浙江水利水电学院	2015-12-22
安徽省水利厅	安徽省水利水电勘察设计院门户网站及局域网管理办法	省水利设计院	2015-05-01
	安徽省佛子岭水库管理处信息安全管理办法	佛子岭管理处	2015-09-01
	安徽省佛子岭水库管理处计算机及配件管理办法	佛子岭管理处	2015-09-01
江西省水利厅	江西省水文局 VPN 使用相关规定	省水文局相关单位	2015-07-13
	焦石进水闸、船闸控制室管理制度	焦石枢纽控制室	2015-03-10
	岗前枢纽控制室管理制度	岗前枢纽控制室	2015-03-10
	江西省省袁管局信息化系统运行维护管理制度	全局在职干部职工	2015-01-02

单位名称	信息化管理制度及相关文件名称	适用范围	颁布日期/年–月–日
山东省水利厅	山东省水文局水文科技档案管理制度	山东省水文局	2015-12-22
	山东省水文局保密工作管理规定	山东省水文局	2015-12-14
	山东省水文局专项安全生产管理制度	山东省水文局	2015-10-13
	山东省水文局水文资料管理办法	山东省水文局	2015-12-22
	山东省水文局科技工作管理办法	山东省水文局	2015-12-22
	山东省水文局信息化系统管理制度	山东省水文局	2015-12-22
	山东省水文局保密工作管理规定	山东省水文局	2015-12-14
湖北省水利厅	自动化系统管理制度	吴岭水库管理局	2015-06-20
	网络安全信息系统管理制度	吴岭水库管理局	2015-06-20
	高关水库机房安全管理制度	吴岭水库管理局	2015-06-20
	网络安全防护制度	吴岭水库管理局	2015-06-20
	吴岭水库管理局信息化机房管理规定	吴岭水库管理局	2015-03-18
	局域网、广域网安全管理制度	管理处	2015-06-10
广东省水利厅	局门户网站管理办法（修订）	全局	2015-09-09
广西壮族自治区水利厅	广西水利厅信息化工作管理暂行办法	广西水利厅及直属单位	2015-01-01
四川省水利厅	四川省都江堰管理局计算机及网络安全管理制度	都江堰局机关及渠首管理处	2015-12-09
	四川水利干部学校信息发布管理暂行办法	四川水利干部学校	2015-03-01
	省防办机房管理制度	四川省防办	2015-03-10
新疆维吾尔自治区水利厅	乌鲁瓦提管理局计算机信息系统管理办法（修订）	乌鲁瓦提管理局	2015-12-01
	乌鲁瓦提管理局涉密计算机信息系统安全管理制度（修订）	乌鲁瓦提管理局	2015-12-01
	新疆维吾尔自治区水文局网站管理制度	新疆维吾尔自治区水文局	2015-01-01
	自治区水文信息网信息管理制度	新疆维吾尔自治区水文局	2015-01-01
	计算机软件管理制度	新疆维吾尔自治区水文局	2015-01-01
	数据安全管理制度	新疆维吾尔自治区水文局	2015-01-01
	新疆维吾尔自治区水文局计算机信息系统安全保密措施	新疆维吾尔自治区水文局	2015-01-01
	信息中心安全生产职责（主任职责、管理员职责）	新疆维吾尔自治区水文局	2015-01-01
	信息中心安全生产管理制度（机房管理、网络管理）	新疆维吾尔自治区水文局	2015-01-01
	新疆维吾尔自治区水文局网络建设情况及网络安全措施	新疆维吾尔自治区水文局	2015-01-01
	公共信息网络发布信息保密管理制度	新疆维吾尔自治区水文局	2015-01-01
	克孜尔水库管理局信息网络安全制度	克孜尔水库管理局	2015-06-01
	克孜尔水库管理局信息网络管理制度	克孜尔水库管理局	2015-06-01
地方小计/项	57		
全国合计/项	99		

（二）2015年度编制的信息化项目前期文档

单位名称	前 期 文 档 名 称
水利部机关	综合事业局办公自动化系统升级维护需求评审会
	综合事业局办公自动化系统开发及软硬件运行维护委托合同
	综合事业局办公自动化系统开发及软硬件运行维护工作大纲
	水利部综合事业局财务管理系统运行维护工作大纲
	水利信息运行维护项目工作大纲审查会
	综合事业局办公自动化系统需求调研大纲
	综合事业局办公自动化系统开发及软硬件运行维护实施方案
黄河水利委员会	黄河水利委员会政务外网电子公文流转及移动办公系统建设方案
	黄河下游沿河光纤环网建设项目建议书
	黄河防汛电话交换网更新改建项目建议书
	黄河空间地理信息服务平台建设项目建议书
	黄河水利委员会电子政务内网改造及接入国家电子政务内网建设项目建议书
	黄河水信息基础平台项目建议书
	山东黄河信息化建设2015—2020年实施方案
	2015年水利信息系统运行维护项目
	机关服务局电子政务需求分析报告
	机关服务局需加入办公网络房间数量和地址汇总
	黄河新闻宣传全媒体数字平台项目建议书
淮河水利委员会	沂沭泗局直管重点工程监控及自动控制系统二期项目建议书
	沂沭泗直管重点工程数据中心
	沂沭泗水利信息化发展"十三五"规划
	淮河水利委员会接入国家电子政务内网升级改造项目建议书
	淮河数据容灾备份中心增配备用发电系统可行性研究报告
	淮河水利委员会2015—2018年信息化基础设施建设项目（综合业务）项目建议书
	淮河水利委员会水利信息化发展"十三五"规划
海河水利委员会	水利部海河水利委员会接入国家电子政务内网项目建议书
	海河水利委员会引滦局信息采集与传输系统
珠江水利委员会	珠江水利委员会水利信息化发展"十三五"规划
	珠江水利委员会基础设施资源整合共享实施方案
	"智慧大藤峡"顶层设计
	技术中心基础设施建设"十三五"规划
松辽水利委员会	松辽水利委员会电子政务内网改造及接入国家电子政务内网建设项目建议书
	松辽水利委员会网络系统改造可研报告
	松辽水利委员会信息系统运行环境改造可研报告
	尼尔基厂房三楼UPS改造方案、尼尔基发电厂机房UPS电源建设运行管理报告
太湖流域管理局	太湖局水政检查基础设施建设项目（一期）水政执法巡查监控工程
流域小计/项	29
北京市水务局	闸门监控系统
	图像监视系统

续表

单位名称	前 期 文 档 名 称
北京市水务局	通信系统
	计算机网络系统
	应用软件
	信息化系统安全
	气体灭火、UPS、机房空调
	特征库升级
	大屏幕系统及会商音频系统
	防汛指挥调度系统
	出库水质自动监测系统
	水环境监测管理综合信息系统
	北京城市重要水源及影响区域污染预警系统
	信息化系统运行维护绩效自评报告
	北运河流域信息化建设顶层设计
	北京市水土保持信息系统基础运行环境升级改造方案
	北京市水务局应用系统整合规定
	北京市水务局水利工程视频监控系统建设规范
天津市水务局	天津市供水行业监管平台建设实施方案
	天津市防汛重点工程视频监控系统四期工程
	天津市重点用水单位在线检测系统建设实施方案制定
	水务工程电子招标投标行政监督平台实施方案
	黎河数字化可视可控监测平台（视频部分）
	海河处监视中心及泵站监视系统建设项目建议书
	海河处耳闸自动控制系统建设项目建议书
	河道排水口门自动报警系统建设项目建议书
河北省水利厅	石家庄河北医科大学前期工作调查
山西省水利厅	调研考察多家相关企业数字化校园建设成果
	参观学习周边兄弟院校成熟经验
	山西省河道管护服务总站全省水库安全生产元素化管理平台实施方案
	山西省 2015 年度水库水质水位、地下水位监测计划安排与实施方案
	山西省水利信息资源整合共享顶层设计
	山西省水利信息化发展"十三五"规划编制
	山西省水利厅电子政务试运行方案编制
	山西省水利厅关于网络信息安全培训、水利信息化培训、开展网络保密管理专项检查
辽宁省水利厅	辽宁省 2015 年度山洪灾害防治项目实施方案
	辽宁省洪水风险图编制项目 2015 年度实施方案
	全国水库移民管理信息系统辽宁省级分中心建设实施方案
	辽宁水利综合管理信息资源整合与共享平台建设实施方案
吉林省水利厅	吉林省水文综合办公系统
	吉林省水文监测及洪水预报综合服务平台
	协同办公系统
	平台集成

单位名称	前 期 文 档 名 称
上海市水务局	上海市水务海洋核心机房功能扩展项目
	"水之云"服务平台——云计算基础架构资源管理系统
	上海市水务局行政业务协同系统
	上海市水务局（上海市海洋局）网上政务大厅
	上海市水务局（上海市海洋局）河湖水面率监管执法协同系统
	上海市水务局水利基本建设项目协同管理业务系统
	上海市海洋生态环境监督管理系统
	上海市水务海洋核心机房功能扩展项目
	"水之云"服务平台——云计算基础架构资源管理系统
	上海市水务局行政业务协同系统
	上海市水务局（上海市海洋局）网上政务大厅
	上海市水务局（上海市海洋局）河湖水面率监管执法协同系统
	上海市水务局水利基本建设项目协同管理业务系统
	上海市海洋生态环境监督管理系统
江苏省水利厅	江苏省河湖资源与水利工程管理信息系统可行性研究报告（含项目建议书）
	江苏省水土保持监测与管理信息系统可行性研究报告
浙江省水利厅	浙江省防指中心第二视频会商环境改造项目方案
	水利数据资源目录体系建设方案
	国家防汛抗旱指挥系统二期工程水情、工情分中心建设方案
	邮件系统改造建设方案
	协同OA办公系统一期建设方案
	多媒体教室更新建设方案
	数字化学习管理平台建设方案
	校园网性能提升工程一期建设方案
	校园网性能提升工程二期建设方案
	数据中心存储扩容工程建设方案
	综合管理系统建设方案
	水利信息化服务平台建设（一期）建设方案
安徽省水利厅	国家防汛抗旱指挥系统二期工程安徽省移动应急指挥平台移动站采购项目前期调研
	安徽省水利信息化"十三五"规划大纲
	安徽省水利水电学院地方高水平大学发展项目
	安徽省响洪甸水库管理现代化规划（2015—2025年）
江西省水利厅	"十三五"设计院信息化建设规划
	万安水库水文信息交换系统实施方案
	统一接收平台技术方案
	江西省赣抚平原灌区信息化建设规划建议（2016—2020年）
	"十二五"校园信息化建设规划
	江西省水利信息化发展"十三五"规划
山东省水利厅	山东水文信息化调研报告
	农村水利管理信息系统实施方案

续表

单位名称	前 期 文 档 名 称
山东省水利厅	水网工程二期建设实施方案
	数据中心三期实施方案
	山东黄河信息化建设 2015—2020 年实施方案
湖北省水利厅	湖北水利数据中心可行性研究报告编制
	2015 年度灌区续建配套与节水改造工程信息化项目
	湖北省漳河灌区续建配套与节水改造工程 2015 年度信息化项目实施方案报告
湖南省水利厅	国家防汛抗旱指挥系统二期工程设计报告
广东省水利厅	广东省水文信息化顶层设计
	练江防洪度汛应急保障项目实施方案
	智慧水利无线应用平台项目实施方案
	广东省 2015 年度山洪灾害防治项目实施方案
	广东省水资源监控能力建设项目初步设计
广西壮族自治区水利厅	广西中小河流水文监测系统预警预报服务系统变更报告
四川省水利厅	都江堰灌区三期信息化东风渠灌区规划项目
	四川省都江堰东风渠灌区信息化系统实施方案
	都江堰灌区水利信息化建设三期工程可行性研究报告
	学校网站改版及工资查询系统前期准备调查
贵州省水利厅	贵州水利信息资源整合共享实施方案
云南省水利厅	云南省水利信息化建设情况调查表
陕西省水利厅	陕西省水利信息化"十三五"发展规划
	泾惠渠灌区 2015 年一期信息化实施方案
	泾惠渠灌区 2015 年二期信息化实施方案
	交口抽渭灌区 2015 年一期实施方案
	宝鸡峡灌区 2015 年信息化实施方案
	东雷一期抽黄信息化 2015 年建设实施方案
甘肃省水利厅	昌马灌区东北干渠闸门远程监控改建工程
	疏勒河灌区斗口水位流量监测系统
	疏勒河灌区三大水库水位、库容自动监测和灌区干渠雷达水情监测工程
	国家地下水监测工程（水利部分）甘肃省初步设计报告
青海省水利厅	青海省 2016 年度山洪灾害防治项目实施方案
宁夏回族自治区水利厅	宁夏水利调度中心会议系统及信息基础设施项目
	宁夏水利管理服务综合系统（一期）
新疆维吾尔自治区水利厅	塔里木河流域水量调度远程监控系统（整合一期）
	对 2015 年全局信息化工作进行摸底统计
	水库监控系统建设项目
	OA 系统改造项目
	水库监控系统建设项目
新疆生产建设兵团水利局	新疆生产建设兵团山洪灾害防治项目实施方案（2015 年度）
	新疆生产建设兵团信息化资源整合共享实施方案
	国家地下水监测工程（水利部分）新疆生产建设兵团初步设计报告
地方小计/项	123
全国合计/项	159

（三）2015年度计划新建信息化项目清单

单位名称	前 期 文 档 名 称
水利部机关	水利数据共享基础代码编制处理
	中国工程科技知识中心水利专业知识服务系统
	水利遥感影像数据处理与服务
	水利普查信息系统运行维护及数据服务
	国家自然资源和地理空间基础信息库水资源数据分中心运行维护
	农村水电数据库表结构及标识符
	全国水土保持监督管理系统V3.0设计开发
	水土保持监督管理信息移动采集系统设计开发
	水土保持重点工程建设项目移动检查验收系统开发
	专用软件升级维护
	国家水土保持重点工程项目管理信息系统升级开发
	水利信息系统运行维护
黄河水利委员会	德州黄河河务局内控管理信息系统
	审计管理信息系统
	聊城黄河河务局基层防汛单位信息通信系统
	济南泺口片区光纤环网项目
	大荔河务局标准化机房技术性维护
	陕西河务局移动办公及移动视频系统建设项目
	黄河图片库系统
淮河水利委员会	淮河水利委员会水政监察基础设施建设项目
	沂沭泗局重要信息系统安全等级保护项目
	沂沭泗局直管理重点工程监控及自动控制项目
	淮河流域河湖健康系统完善
	雨量分析系统升级改造
	日本气象卫星云图接收处理系统
海河水利委员会	海河水利委员会水政监察基础设施建设项目（一期）遥感遥测监控工程
太湖流域管理局	太湖局重要信息系统安全等级保护
	太湖流域管理局水政监察基础设施建设项目（一期）遥感遥测监控工程
流域小计/项	16
北京市水务局	北京市城市河湖自动化系统维护
	北京市城市河湖办公楼信息化系统维护服务
	互联网专线租用协议（4M）
	互联网专线租用协议（15M）
	北京市城市河湖管理处水情信息采集整合系统（一期）
	北京市永定河流域防汛指挥体系基础设施项目
	北京市永定河流域防汛指挥体系基础设施项目配套工程——装修及配电改造
	北京市永定河管理处视频安防及无线通信改造
	北京市永定河流域防汛指挥体系基础设施项目配套工程——防雷工程
	BIW综合办公平台

单 位 名 称	前 期 文 档 名 称
北京市水务局	BIW 协同设计平台
	水务统计管理系统升级改造
	北京市水务图像监控系统建设项目（防汛）
	北京市水土保持信息系统基础运行环境升级改造
	北京市水土保持信息系统基础运行环境升级改造
	北京市水务局党校网络优化改造项目
	北京市水务局电视电话会议系统完善党校分中心建设项目
	北京市水行政执法管理信息系统
	北京市水务局核心机房改扩建项目
	北京市水务局中小河道治理信息化建设项目
	北京市水务大数据应用与示范研究
	北京市水务应急指挥平台升级改造
	国家水资源监控能力建设北京市补充建设项目
	北京市水资源统一调度平台（一期）
	北京市水务局水利工程视频监控系统建设规范
	北京市水务局行政复议系统项目
	北京市水务局应用系统整合规定
	排水业务管理信息系统
天津市水务局	泵站远程监测点位扩容项目
	积水点视频监测平台升级更新项目
	泵站远程控制点位扩容项目
	河道视频监测点位扩容项目
	天津市供水行业监管平台
	天津市水务工程施工工地在线监控系统
	引滦工管处机房精密空调加装及机房环境监控系统建设工程
	东山视频监控工程
	通信机房消防系统更新改造项目
	天津市防汛抗旱视频会议系统三期
	水务治安分局技防网二期
	天津水务局工程档案管理系统
	天津市重点用水单位再见监测系统建设实施方案制定
	天津市水资源执法规范化建设（一期）
	水务工程电子招标投标行政监督平台
	于桥水库水质分析会商决策支持系统
	永定河处机关视频监控系统重建
	水利工程日常管理信息系统
	北大港水库通信网络及局域网建设
	大清河处机房及网络设备改造
山西省水利厅	信息系统配套终端设备购置项目
	信息系统软件购置、系统部署和数据移植项目

续表

单位名称	前 期 文 档 名 称
山西省水利厅	山西省水库大坝安全监控系统试验研究汾河水库、汾河二库、省中心安全监控系统
	山西省河道管护服务总站全省水库安全生产元素化管理平台
	山西省水土保持科学研究所官方网站电脑版和手机客户端
	信息化建设 2015 年项目
	河道流量监测
	山西省漳泽水库安全生产元素化管理平台项目
	2015 年水库水位水质监测项目
辽宁省水利厅	辽宁省 2014 年度山洪灾害防治项目
	全国水库移民管理信息系统辽宁省级分中心建设实施方案
吉林省水利厅	国家防汛抗旱指挥系统二期工程吉林省项目
	国家水资源监控能力建设项目
上海市水务局	水务（海洋）行政审批监管服务平台
	上海市取、用水收费和业务管理系统
	堤防防汛应急调度管理系统
	上海市水文智能监测与管理系统
	视频会议系统（2015 升级改造）
	水务海洋数据云建设
	上海市水务局（上海市海洋局）网上政务大厅
江苏省水利厅	江苏省水利数据中心一期工程
浙江省水利厅	省防指中心第二视频会商环境改造
	国家防汛抗旱指挥系统二期水情信息采集系统和工情信息采集系统
	省级水利数据中心建设
	水利业务管理应用系统建设
	档案数字化建设
	OA 办公系统二期
	网站群
	档案系统
	图书管理系统升级
	学生公寓管理与服务系统
	网关认证及访客系统
	网络信息安全整改工程
	离校管理与服务系统
	钱塘江在线管理系统（一期）
	容灾备份系统建设
安徽省水利厅	安徽省水资源监控能力建设项目
	安徽省国家防汛抗旱指挥系统二期工程
	安徽省山洪灾害非工程措施省市平台建设
	安徽省洪水风险图空间数据处理
	安徽省水文局暴雨参数研究
	安徽省水文局雨水情自动测报系统维护更新

单 位 名 称	前 期 文 档 名 称
安徽省水利厅	安徽省水文局墒情自动测报系统维护更新
	安徽省龙河口水库管理处 OA 办公系统
	安徽省驷马山引江工程管理处乌江船闸船舶调度自动化系统
	安徽省长江河道管理局数字长江 2 期系统建设
	安徽省水科院办公自动化系统
	安徽省怀洪新河堤防监控系统
	安徽省茨淮新河档案单机原件版软件、OA 办公项目
	安徽省茨淮新河节制闸自动化项目、进洪闸显示系统改造
	安徽省茨淮新河上桥枢纽安保视频监控系统升级改造
福建省水利厅	2014 年度山洪灾害防治系统存储备份系统
	2014 年度山洪灾害防治项目网站硬件发布平台
	2014 年度山洪灾害防治汛情查询系统
	2015 年度山洪灾害防治项目省级应急电源建设
	福建省水利厅大楼公共广播系统
	福建省水电站信息管理系统
江西省水利厅	江西省水土保持科学研究院办公软件
	网络信息化系统
	视频会议系统
	洪水预报调度系统
	中心机房 UPS 电源采购项目
	袁惠渠灌区 2015 年度信息化系统实施计划
	实施方案补充设计——网络安全加固及网络管理项目
	实施方案补充设计——视频会商系统升级改造项目
	江西省山洪灾害监测预警信息综合服务平台招标文件
	江西省水利数据中心工程数据库建设、数据交换及数据资源管理应用平台（一期）
	江西省水利数据中心数据整合及目录体系建设（一期）
	江西省 2013 年度山洪灾害防治项目省、市山洪灾害信息管理与共享系统及应用软件开发项目
山东省水利厅	山东省水文局档案数字化扫描项目
	办公便携式计算机批量采购
	办公台式计算机批量采购
	山东省水利移民管理信息系统 2015 年建设项目监理
	14 个县（区）网络布线及设备安装调试、施工项目
	山东省水利移民管理信息化建设"十三五"实施方案
	山东省级"金水工程"——水利移民管理信息系统软件开发二期
	山东省 2014 年第二批省级办公设备及耗材协议供货
	水利工程交易与监督平台软件开发
	农村水利管理系统软件开发
河南省水利厅	应急语音通信平台
	2015 年度河南省水利电子政务系统容灾备份系统
	河南省山洪灾害防治项目省直管县上联计算机网络改造工程

单位名称	前 期 文 档 名 称
河南省水利厅	山洪灾害防治项目县级异地防汛视频会商系统高清改造
湖北省水利厅	湖北省防汛抗旱指挥中心 DLP 大屏采购
	湖北水利数据中心建设管理办公室维修改造工程
	湖北省 2013 年度国家水资源监控能力建设项目监理
	湖北省 2013 年度国家水资源监控能力建设项目硬件采购
	国家水资源监控能力建设项目省级平台系统开发（信息服务、业务管理、内外门户）
	湖北省大中型水电站水雨情数据服务项目
	省防汛抗旱指挥中心会议系统运行维护服务项目
	省级水资源信息平台运维服务外包
	湖北省水资源省控点数据集成项目
	湖北省大中型水电站水库水雨情遥测数据库维护项目
	湖北省大中型水电站水库水雨情系统内网集成服务项目
	湖北省大中型水电站水库水雨情系统外网集成服务项目
	国家水资源监控能力建设项目省级平台系统开发（应急决策和调度支持模块）
	湖北省 2014 年度国家水资源监控能力建设项目监理
	湖北省 2013 年度国家水资源监控能力建设项目集成
	王英水库灌区续建配套与节水改造工程 2015 年度项目第三标段信息化
	吴岭水库除险加固信息化项目
	吴岭水库水雨情自动测报系统更新改造项目
	漳河灌区 2015 年度续建配套与节水改造信息化项目
	神农架林区山洪预警项目
	神农架省级水资源监控能力建设项目
湖南省水利厅	国家防汛抗旱指挥系统二期工程湖南省项目
广东省水利厅	小二型水库动态监管系统
	广东省水资源监控能力建设项目
	智慧教室
	平安校园监控
	云计算服务平台
	水资源费征收与管理信息安全系统改造
	门户网站安全改造
	飞来峡水利枢纽设备管理系统
	社岗防护堤除险加固工程安全监视系统
	广东省 2014 年度山洪灾害防治项目
	广东省水资源监控能力建设项目
	广东省 2015 年度山洪灾害防治项目
广西壮族自治区水利厅	水资源费征收管理及统计系统
	里建到长岗校区 1G 专线
	国家防汛抗旱指挥系统二期工程
	广西山洪灾害防治项目非工程措施完善
四川省水利厅	人民渠六期干渠闸控、水情及缆道测流系统缆道测流系统

续表

单位名称	前期文档名称
四川省水利厅	人民渠五·七期干渠闸控、水情及缆道测流系统
	学校内网升级改造及校园网络摄像监控
	学校网站改版及工资查询系统
	国家防汛抗旱指挥系统二期工程四川省项目旱情信息采集项目
	四川省 2015 年度山洪灾害防治项目（省本级，包括软件定制及视频整合）
	国家防汛抗旱指挥系统二期工程四川省项目水情信息采集项目
	国家防汛抗旱指挥系统二期工程四川省项目工情信息采集项目
云南省水利厅	云南省水利厅网络、厅机房改造工程项目
	信息安全等级保护
	云南省防汛抗旱指挥系统二期工程
	水利信息化整体推进规划编制
西藏自治区水利厅	西藏自治区山洪灾害防治项目（2013—2015 年）
陕西省水利厅	泾惠渠灌区 2015 年一期信息化工程项目
	泾惠渠灌区 2015 年二期信息化工程项目
	交口抽渭灌区 2015 年工程项目
	宝鸡峡灌区 2015 年信息化工程项目
	东雷一期抽黄信息化 2015 年工程项目
甘肃省水利厅	景电二期大型泵站更新改造 2013—2015 年度项目中心调度系统及总干一至十三泵站计算机监控系统改造
	景电二期大型泵站更新改造 2015 年度灌区段项目通信系统、局内广域网升级改造
	景电二期大型泵站更新改造 2013—2015 年度项目总干一至十三泵站视频监控系统改造
	昌马灌区东北干渠闸门远程监控改建工程
	疏勒河灌区斗口水位流量监测系统
	疏勒河灌区三大水库水位、库容自动监测和灌区干渠雷达水情监测工程
	甘肃水利普查成果查询与服务系统
	甘肃水利信息共享互用移动平台
	甘肃省高效节水灌溉项目信息管理系统移动版
	国家地下水监测工程（水利部分）甘肃省第二标段建设项目
	国家地下水监测工程（水利部分）甘肃省第一标段建设项目
青海省水利厅	青海省 2015 年度山洪灾害防治项目
	2014 年国家水资源监控能力建设项目
宁夏回族自治区水利厅	国家防汛抗旱指挥系统二期工程宁夏建设项目
	宁夏灌区信息化建设通信网络系统 2013—2014 年度建设项目
	宁夏灌区信息化建设信息采集系统 2013—2014 年度建设项目
	宁夏水利调度中心会议系统及信息基础设施项目
	宁夏水利信息化（智慧水利）"十三五"规划编制项目
新疆维吾尔自治区水利厅	塔里木河流域水量调度远程监控系统（整合一期）
	国家防汛抗旱指挥系统二期工程旱情系统建设国家防汛抗旱指挥系统二期工程旱情系统建设
	新疆国家地下水监测工程（水利部分）
	水库监控系统建设项目
	OA 系统改造项目

单 位 名 称	前 期 文 档 名 称
新疆 维吾尔自治区水利厅	新疆山洪灾害省、地、县三级平台建设
	防汛抗旱指挥系统新疆区工旱情分中心平台软件
	新疆山洪灾害项目县级广域网建设
	新疆山洪灾害项目调查评价服务商
	新疆山洪灾害项目审核汇集服务商
新疆 生产建设兵团水利局	新疆生产建设兵团 2015 年度山洪灾害防治项目
	新疆生产建设兵团国家防汛抗旱指挥系统二期工程
	新疆生产建设兵团重点地区洪水风险图编制项目
地方小计/项	218
全国合计/项	246

（四）年度验收的信息化项目清单

单 位 名 称	通过验收的项目名称
水利部机关	全国水土保持监督管理系统 V3.0 设计开发
	水土保持监督管理信息移动采集系统设计开发
	水土保持重点工程建设项目移动检查验收系统开发
	国家水土保持重点工程项目管理信息系统升级开发
	专用软件升级维护
	综合事业局办公自动化系统开发及软硬件运行维护
黄河水利委员会	应用服务平台及综合信息服务系统项目
淮河水利委员会	沂沭泗局直管重点工程监控及自动控制系统项目
	沂沭泗局重要信息系统安全等级保护项目
	淮河流域河湖健康系统完善
	淮河流域降水长期预测系统
珠江水利委员会	珠江委办公通信网络及机房环境更新改造工程
松辽水利委员会	松辽委防汛会商系统改造
	水利信息系统运行维护
太湖流域管理局	国家水资源监控能力建设项目（2012—2014 年）初步验收
流域小计/项	9
北京市水务局	十三陵水库信息化运维项目
	十三陵水库自动化运维项目
	北京市城市河湖自动化系统维护
	北京市城市河湖办公楼信息化系统维护服务
	北京市永定河管理处视频安防及无线通信改造
	永定河流域防汛三维展示系统项目
	北京市永定河管理处信息化系统运行维护项目
	2014 年度北京市永定河管理处信息化系统运行维护项目（2014 年 7 月 1 日至 2015 年 6 月 30 日）
	永定河滞洪水库管理处信息化系统运行维护项目（2015 年下半年）
	北京市凉水河管理处 2015 年信息化运维项目

单位名称	通过验收的项目名称
北京市水务局	北京市凉水河管理处 2015 年工程自动化系统运维项目
	北京市东水西调管理处 2015 年自动化设备运行维护
	BIW 综合办公平台
	北京市防汛会商系统改造项目
	北京市防汛指挥中心会商调度系统及硬件设施改造项目
	北京市防汛应急通信改造项目
	北京市水土保持核心业务管理系统一期
	北京市水土保持核心业务管理系统二期
	北京市水务局电视电话会议系统完善党校分中心建设项目
	北京市水务局党校网络优化改造项目
	北京市水务管理办法体系研究
	北京市水务局综合信息平台及外网门户升级改造项目
	北京市水务信息化顶层设计
	北京市水务基础水信息平台（一期）
	骨干网规划设计前期工作费
	北京市水务局核心机房网络审计等设备升级改造项目
	北京市水务局基于等级保护的网络安全改造项目
	北京市排水管理事务中心信息基础设施建设项目
天津市水务局	河道视频监测点位扩容项目
	泵站远程控制点位扩容项目
	泵站远程监测点位扩容项目
	积水点视频监测平台升级更新项目
	东山视频监控工程
	引滦工管处机房精密空调加装及机房环境监控系统建设工程
	典型用水单位用水在线监测系统实施方案
山西省水利厅	信息系统配套终端设备购置项目
	信息化建设 2010 年项目
	山西省 2014 年度地下水位监测系统运行维护工作验收
吉林省水利厅	吉林省水文监测及洪水预报综合服务平台
	吉林省水文综合办公系统
	吉林省工情信息采集系统建设
	平台集成
江苏省水利厅	江苏省水利地理信息公共服务平台
浙江省水利厅	浙江省水利基础数据管理机制研究
	水利电子政务建设（七期）
	水利业务管理应用系统建设（二期）
	浙江省水情中心系统一体化集成
	浙江省防汛通信平台升级
	邮件系统改造
	协同 OA 办公系统一期

单位名称	通过验收的项目名称
浙江省水利厅	多媒体教室更新
	数字化学习管理平台
	校园网性能提升工程一期
	校园网性能提升工程二期
	数据中心存储扩容工程
	大文件交换系统建设
	高性能计算系统建设
	视频会议系统建设
	准入控制系统建设
	录播系统建设
	VPN 系统建设
	大楼 LED 展示屏建设
	楼道交换机设备采购建设
	无线设备扩容建设
	互联网出口扩容建设
	浙江省灌溉试验中心站信息化建设
	网站改版项目
安徽省水利厅	安徽省洪水风险图空间数据处理
	安徽省水资源监控能力建设项目
	安徽省中小水库 GPS 定位巡查系统
	安徽省水利水电基本建设管理局安全生产三类人员管理系统
	安徽省水文局水文预报方案编制
	安徽省水文局山洪灾害调查评价
	安徽省水文局水源地水质自动监测站建设
	安徽省龙河口水库管理处局域网系统维护
	安徽省龙河口水库管理处监控系统维护
	安徽省龙河口水库管理处水情测报系统维护
	安徽省驷马山引江工程管理处乌江闸视频监控系统
	安徽省长江河道管理局无为大堤视频监控系统一期工程
	安徽省淮河河道管理局水闸控制与通信系统维护
	安徽省水科院办公自动化系统
	安徽省怀洪新河堤防监控系统
	安徽省茨淮新河节制闸自动化项目、进洪闸显示系统改造
	安徽省茨淮新河档案单机原件版软件、OA 办公项目
	安徽省响洪甸水库管理处发电机组计算机监控系统
福建省水利厅	福建省水利厅大楼公共广播系统
	福建省水电站信息管理系统
江西省水利厅	中心机房 UPS 电源采购项目
	江西省水利数据中心工程水利空间地理信息共享服务平台（一期）终验
	实施方案补充设计——视频会商系统升级改造项目

单位名称	通过验收的项目名称
江西省水利厅	实施方案补充设计——网络安全加固及网络管理项目
山东省水利厅	数字档案室系统升级优化
	海量降雨数据及图像识别与挖掘技术研究与应用
	办公便携式计算机批量采购
	办公台式计算机采购批量采购
	水库移民信息系统建设硬件设备
	14 个县（区）网络布线及设备安装调试、施工项目
	水库移民信息系统建设硬件设备采购和信息传输网
	山东省级"金水工程"——水利移民管理信息系统软件开发一期
	山东省水利门户网站群建设
	山东省"金水工程"——水利监测信息服务平台
	山东省"金水工程"——水利行政业务信息系统开发
	省级"金水工程"二期——水利综合服务平台项目
	金水工程——数据中心二期系统集成项目
	国家山洪灾害——信息中心机房建设工程
	山东省水利地理信息系统示范项目
河南省水利厅	河南省山洪灾害防治项目省级图像（视频）监测系统建设
	河南省山洪灾害防治项目省直管县上联计算机网络改造工程
	山洪灾害防治项目县级异地防汛视频会商系统高清改造工程
湖北省水利厅	湖北省大中型水电站水库水雨情系统外网集成服务项目
	湖北省大中型水电站水库水雨情系统内网集成服务项目
	湖北省防汛抗旱指挥中心 DLP 大屏采购
	国家水资源监控能力建设项目省级平台系统开发（信息服务、业务管理、内外门户）
	湖北省 2013 年度国家水资源监控能力建设项目监理
	湖北省 2013 年度国家水资源监控能力建设项目硬件采购
	湖北省 2013 年度国家水资源监控能力建设项目集成
	湖北省 2014 年度国家水资源监控能力建设项目监理
	国家水资源监控能力建设项目省级平台系统开发（应急决策和调度支持模块）
	湖北省大中型水电站水雨情数据服务项目
	水雨情监测信息安全改造项目
	水库水雨情监测系统改造
	吴岭水库水雨情自动测报系统
	漳河灌区续建配套与节水改造 2014 年度信息化项目
	农村安全饮水项目
广东省水利厅	广东省中小河流水文监测系统建设 2012—2013 年实施方案洪水预报预警系统 III 标
	智慧教室
	云计算服务平台
	平安校园监控
	广东省东江水资源水量水质监控系统
	水资源费征收与管理信息安全系统改造

单位名称	通过验收的项目名称
广东省水利厅	门户网站安全改造
	练江防洪度汛应急视频通信系统
	智慧水利无线应用平台
	社岗防护堤除险加固工程安全监视系统
	飞来峡水利枢纽设备管理系统
	省水利系统政府投资建设项目资金使用监管平台
广西壮族自治区水利厅	水资源处河道水位流量监测设备采购
	水质监测实验室综合信息管理系统
	广西中小河流水文监测系统雨量站项目
	水资源费征收管理及统计系统
	广西防汛抗旱物资信息管理系统
	里建到长岗校区 1G 专线
	国家防汛抗旱指挥系统二期工程水情信息采集系统
	国家防汛抗旱指挥系统二期工程实时险情采集传输设备采购
	国家防汛抗旱指挥系统二期工程工程视频监控系统
	国家防汛抗旱指挥系统二期工程工情分中心设施设备采购
四川省水利厅	四川省国家水资源监控系统
	学校内网升级改造及校园网络摄像监控
	学校网站改版及工资查询系统
	四川水利综合办公系统
	四川省 2015 年度山洪灾害防治项目（省本级）
甘肃省水利厅	石羊河流域水资源调度管理信息系统二期工程
	石羊河流域水资源调度管理信息系统工程
	疏勒河灌区斗口水位流量监测系统
	疏勒河灌区三大水库水位、库容自动监测和灌区干渠雷达水情监测工程
	昌马灌区东北干渠闸门远程监控改建工程
	甘肃水利信息共享互用移动平台
	甘肃水利普查成果查询与服务系统
青海省水利厅	2014 年国家水资源监控能力建设项目
	青海省 2014 年度山洪灾害防治项目
	青海省国家水资源监控能力建设 2013 年硬件设备采购及集成项目
宁夏回族自治区水利厅	宁夏灌区信息化通信网络系统 2013—2014 年度建设项目一标段工程
	宁夏灌区信息化通信网络系统 2013—2014 年度建设项目二标段、三标段工程
	宁夏水利调度中心会议系统及信息基础设施项目
	国家防汛抗旱指挥系统二期工程宁夏建设项目采集系统
新疆维吾尔自治区水利厅	水库监控系统建设项目
	水资源省级平台硬件设备采购项目
	水资源省级平台安全设备采购项目
	山洪灾害二期项目省级平台硬件设备采购
新疆生产建设兵团水利局	新疆生产建设兵团国家水资源监控能力建设项目
	新疆生产建设兵团 2009—2012 年度山洪灾害防治项目
地方小计/项	171
全国合计/项	186

（五）项目投资、人员及运行维护情况

单位名称	新建项目数量/个	信息化项目建设投资/万元			主要从事信息化工作的人数/人	信息系统专职运行维护人数/人	调查年度到位的运行维护资金/万元	
		中央投资	地方投资	其他投资			总经费	专项维护经费
水利部机关	12	3032.20			152	39	6150.75	6150.75
长江水利委员会					383	85	2101.70	1657.70
黄河水利委员会	7	38.36		719.04	914	685	4062.72	3748.72
淮河水利委员会	6	1031.00			120	24	1194.00	563.30
海河水利委员会	1	902.00			162	226	1885.16	710.29
珠江水利委员会					275	30	683.15	664.35
松辽水利委员会					48	60	1579.96	356.79
太湖流域管理局	2	1160.00			8	8	597.00	
流域小计	16	3131.36		719.04	1910	1118	12103.69	7701.15
北京市水务局	28		7280.35	655.88	219	146	2988.38	2667.39
天津市水务局	20	190.00	1600.50	675.15	96	115	1322.46	1268.40
河北省水利厅					3	4	140.00	140.00
辽宁省水利厅	2	12038.80	500.00		37	33	607.60	343.60
上海市水务局	7		1262.94		41	74	2515.00	2515.00
江苏省水利厅	1	4211.00			16	13	500.00	500.00
浙江省水利厅	15		1388.00	447.88	133	54	1000.66	907.00
福建省水利厅	6		776.00		80	30	110.00	110.00
山东省水利厅	10	343.98	653.00		41	67	801.50	500.50
广东省水利厅	12	40284.00	23717.88	866.23	56	66	2141.42	1719.00
海南省水务厅								
山西省水利厅	9	4013.99	777.00	47800.00	87	106	583.70	336.74
吉林省水利厅	2	3998.84	2998.84		45	24	200.00	
黑龙江省水利厅					37	31	66.20	43.50
安徽省水利厅	15	2809.00	1268.50	79.00	111	83	493.00	359.00
江西省水利厅	12	3099.54	533.00	18.10	54	27	476.08	216.60
河南省水利厅	4	1027.61	135.00	24.10	29	29	307.50	307.50
湖北省水利厅	21	1676.77	417.72	48.34	100	105	1683.20	661.00
湖南省水利厅	1	1288.00	1903.00		10	10	295.00	68.00
内蒙古自治区水利厅					5	2	20.00	
广西壮族自治区水利厅	4	6043.00	3241.00	5.60	40	28	618.00	534.00
重庆市水利局					9	20	467.00	467.00
四川省水利厅	8	1962.50	124849.71		175	52	618.29	384.79
贵州省水利厅					5	10	300.00	
云南省水利厅	4	1982.48	1221.36		9	4		

续表

单位名称	新建项目数量/个	信息化项目建设投资/万元			主要从事信息化工作的人数/人	信息系统专职运行维护人数/人	调查年度到位的运行维护资金/万元	
		中央投资	地方投资	其他投资			总经费	专项维护经费
西藏自治区水利厅	1	6128.86			6	8	30.00	30.00
陕西省水利厅	5	2667.00			10	23	95.00	
甘肃省水利厅	11	364.77	415.14	3577.78	90	53	269.00	159.00
青海省水利厅	2	6421.93	500.00		7	6	60.00	60.00
宁夏回族自治区水利厅	5	5410.00	400.00	1413.00	10	8	200.00	50.00
新疆维吾尔自治区水利厅	10	15287.80		32.70	60	80	566.55	442.38
新疆生产建设兵团水利局	3	6697.00				1		
地方小计	218	127946.87	175838.94	55643.76	1621	1312	19475.54	14790.40
全国合计	246	134110.43	175838.94	56362.80	3683	2469	37729.98	28642.30

（六）开展年度水利信息化发展状况评估情况

单位名称	是否开展年度信息化发展程度评估（评价）	是否制定了信息化发展程度评估指标体系及评估管理办法	是否进行本单位年度水利信息化发展程度的定量化评估	是否进行辖区内年度水利信息化发展程度的定量化评估
水利部				
长江水利委员会		是		
黄河水利委员会				
淮河水利委员会				
海河水利委员会				
珠江水利委员会				
松辽水利委员会				
太湖流域管理局				
北京市水务局	是	是		
天津市水务局				
河北省水利厅				
辽宁省水利厅				
上海市水务局				
江苏省水利厅		是		
浙江省水利厅	是	是	是	是
福建省水利厅				
山东省水利厅				
广东省水利厅	是	是	是	是
海南省水务厅				
山西省水利厅				
吉林省水利厅				
黑龙江省水利厅				
安徽省水利厅	是			

续表

单位名称	是否开展年度信息化发展程度评估（评价）	是否制定了信息化发展程度评估指标体系及评估管理办法	是否进行本单位年度水利信息化发展程度的定量化评估	是否进行辖区内年度水利信息化发展程度的定量化评估
江西省水利厅				
河南省水利厅				
湖北省水利厅				
湖南省水利厅				
内蒙古自治区水利厅				
广西壮族自治区水利厅				
重庆市水利局				
四川省水利厅				
贵州省水利厅				
云南省水利厅				
西藏自治区水利厅				
陕西省水利厅	是			
甘肃省水利厅				
青海省水利厅				
宁夏回族自治区水利厅				
新疆维吾尔自治区水利厅				
新疆生产建设兵团水利局				

（七）省级以上水利部门联网计算机和服务器规模

单位名称	内网		外网	
	服务器/套	联网计算机/台	服务器/套	联网计算机/台
水利部机关	42	525	303	2000
长江水利委员会	18	173	120	9680
黄河水利委员会	14	200	488	14060
淮河水利委员会	32	259	226	1572
海河水利委员会	22	170	264	3319
珠江水利委员会	14	199	341	3591
松辽水利委员会	12	375	87	1262
太湖流域管理局	17	141	115	389
流域小计	129	1517	1641	33873
北京市水务局	14	3000	11	3000
天津市水务局			54	318
河北省水利厅	58	2100	30	3000
辽宁省水利厅	8	48	65	3600
上海市水务局	81	251	199	1050
江苏省水利厅	150	2000	150	3500
浙江省水利厅	11	50	213	3399

续表

单位名称	内　网		外　网	
	服务器/套	联网计算机/台	服务器/套	联网计算机/台
福建省水利厅	64	269	153	1331
山东省水利厅	46	400	84	400
广东省水利厅	162	1743	223	1585
海南省水务厅				
山西省水利厅	82	1622	57	1110
吉林省水利厅	14	140	7	780
黑龙江省水利厅	10	140	12	120
安徽省水利厅	1	15	63	1519
江西省水利厅	159	1574	20	1450
河南省水利厅		7	95	742
湖北省水利厅	51	1467	62	690
湖南省水利厅	50	55	17	186
内蒙古自治区水利厅	10	72	94	684
广西壮族自治区水利厅	2	410	63	712
重庆市水利局	1	5	117	375
四川省水利厅	115	914	6	143
贵州省水利厅	15	150		
云南省水利厅	21	142	81	1522
西藏自治区水利厅		10	17	137
陕西省水利厅	45	423	3	756
甘肃省水利厅	39	45	68	73
青海省水利厅	12	85	47	1988
宁夏回族自治区水利厅	5	59	59	1459
新疆维吾尔自治区水利厅			44	559
新疆生产建设兵团水利局	16	15	3	70
地方小计	1242	17211	2117	36258
全国合计	1413	19253	4061	72131

（八）乡镇视频会议系统接入情况

单位：个

填报单位名称	乡镇数量	接入系统的乡镇数量	
		下级单位只接收上级单位视频、语音	下级单位与上级单位可进行视频、语音互动
北京市水务局	26	19	7
辽宁省水利厅	15		15
上海市水务局	370	15	355
浙江省水利厅	1383		1383
山东省水利厅	80		80
广东省水利厅	1064	201	863

续表

填报单位名称	乡镇数量	接入系统的乡镇数量	
		下级单位只接收上级单位视频、语音	下级单位与上级单位可进行视频、语音互动
山西省水利厅	4	1	3
江西省水利厅	1879	900	979
河南省水利厅	413		413
湖北省水利厅	139	34	99
四川省水利厅	471	71	400
云南省水利厅	129		129
西藏自治区水利厅	10	4	6
陕西省水利厅	998		998
甘肃省水利厅	20	10	10
合计	7001	1255	5740

（九）视频会议系统应用情况

单位名称	会议数量/次	参加人数/人	单位名称	会议数量/次	参加人数/人
水利部机关	34	77000	江西省水利厅	11	5070
长江水利委员会	1	50	山东省水利厅	40	1000
黄河水利委员会	4	300	河南省水利厅	22	6600
淮河水利委员会	36	140	湖北省水利厅	30	2100
海河水利委员会	4	40	湖南省水利厅	35	4500
珠江水利委员会	4	45	广东省水利厅		
松辽水利委员会			广西壮族自治区水利厅	28	6800
太湖流域管理局	10	1620	海南省水务厅		
流域小计	59	2195	重庆市水利局		
北京市水务局	30	240	四川省水利厅	63	37800
天津市水务局			贵州省水利厅		
河北省水利厅			云南省水利厅	31	11224
山西省水利厅			西藏自治区水利厅	20	1000
内蒙古自治区水利厅			陕西省水利厅	59	33564
辽宁省水利厅	36	24000	甘肃省水利厅	15	4000
吉林省水利厅	50	350	青海省水利厅	20	1000
黑龙江省水利厅			宁夏回族自治区水利厅		
上海市水务局	34	2500	新疆维吾尔自治区水利厅	14	3000
江苏省水利厅	40	2500	新疆生产建设兵团水利局		
浙江省水利厅	72	1850	地方小计	688	154698
安徽省水利厅	38	5600	全国合计	781	233893
福建省水利厅					

（十）移动及应急网络情况

单位名称	移动终端/台	移动信息采集设备套数/套	单位名称	移动终端/台	移动信息采集设备套数/套
水利部	1100		黑龙江省水利厅	30	
长江水利委员会	2452	26	安徽省水利厅	725	146
黄河水利委员会	203	50	江西省水利厅	106	9
淮河水利委员会	31		河南省水利厅	605	4
海河水利委员会	854	6	湖北省水利厅	66	25
珠江水利委员会	501	5	湖南省水利厅	4	4
松辽水利委员会	613	32	内蒙古自治区水利厅		
太湖流域管理局	268	14	广西壮族自治区水利厅	1703	81
流域小计	4922	133	重庆市水利局	50	1
北京市水务局	505	232	四川省水利厅	119	71
天津市水务局	197	52	贵州省水利厅		
河北省水利厅	16		云南省水利厅	16	16
辽宁省水利厅	53	57	西藏自治区水利厅	20	20
上海市水务局	226	6	陕西省水利厅	50	2
江苏省水利厅			甘肃省水利厅	10	58
浙江省水利厅	307	5988	青海省水利厅	45	7
福建省水利厅	66	93	宁夏回族自治区水利厅	25	2
山东省水利厅	111	20	新疆维吾尔自治区水利厅	149	4
广东省水利厅	66	21	新疆生产建设兵团水利局		
海南省水务厅			地方小计	5566	6960
山西省水利厅	281	11	全国合计	11588	7093
吉林省水利厅	15	30			

（十一）存储能力情况

单位：GB

单位名称	内网存储	外网存储	单位名称	内网存储	外网存储
水利部	360178.00	725181.00	辽宁省水利厅	22000.00	40000.00
长江水利委员会	196600.00	594597.00	上海市水务局	61884.00	30000.00
黄河水利委员会	259260.00	284500.00	江苏省水利厅	150000.00	7200.00
淮河水利委员会	83000.00	228850.20	浙江省水利厅	36040.00	218033.00
海河水利委员会	109530.00	29190.00	福建省水利厅	2000.00	12000.00
珠江水利委员会	68000.00	800000.00	山东省水利厅	419168.00	54508.00
松辽水利委员会	78500.00	199218.40	广东省水利厅	245537.59	135502.70
太湖流域管理局	36000.00	64362.00	海南省水务厅		
流域小计	830890.00	2200717.60	山西省水利厅	19300.50	69811.00
北京市水务局	142272.60	2000.00	吉林省水利厅	440.00	240.00
天津市水务局	214201.57	46992.00	黑龙江省水利厅	3000.00	13146.00
河北省水利厅	21000.00	17000.00	安徽省水利厅		181300.00

单位名称	内网存储	外网存储	单位名称	内网存储	外网存储
江西省水利厅	109900.00	22000.00	西藏自治区水利厅		7000.00
河南省水利厅		136000.00	陕西省水利厅	81000.00	1200.00
湖北省水利厅	40980.00	901000.00	甘肃省水利厅	6700.00	41260.00
湖南省水利厅	1000.00	16000.00	青海省水利厅	1300.00	32000.00
内蒙古自治区水利厅	26368.00	244822.00	宁夏回族自治区水利厅	1200.00	26000.00
广西壮族自治区水利厅	4.00	45000.00	新疆维吾尔自治区水利厅	161353.00	76500.00
重庆市水利局	500.00	292400.00	新疆生产建设兵团水利局	886.00	130.00
四川省水利厅	316000.00	211690.00	地方小计	2088535.26	2894974.70
贵州省水利厅	500.00	10240.00	全国合计	3279603.26	5820873.30
云南省水利厅	4000.00	4000.00			

（十二）内网系统运行安全保障情况

单位名称	安全保密防护设备数量/个	采用CA身份认证的应用系统数量/个	是否进行分级保护改造	是否通过分级保护测评	是否实现统一的安全管理	是否配有本地数据备份系统	是否配有同城异地数据备份系统	是否配有远程异地容灾数据备份系统	是否开展保密检查	是否开展应急演练
水利部	21	2	是	是	是	是		是	是	是
长江水利委员会	22	6	是	是	是	是			是	
黄河水利委员会	16	7	是	是	是	是	是		是	是
淮河水利委员会	28	8	是	是	是	是		是	是	
海河水利委员会	30	6								
珠江水利委员会	95	7	是	是	是	是			是	是
松辽水利委员会	310	7	是	是	是	是			是	是
太湖流域管理局	16	9	是	是	是	是			是	
北京市水务局	8	6	是	是	是	是	是		是	是
天津市水务局		1	是		是	是	是		是	是
河北省水利厅	6	1				是			是	
辽宁省水利厅	3			是	是	是				
上海市水务局	69	2	是	是	是	是	是	是	是	是
江苏省水利厅	1	2	是	是	是	是			是	
浙江省水利厅										
福建省水利厅	5	1	是	是	是	是	是	是	是	是
山东省水利厅	5	3	是	是	是	是			是	是
广东省水利厅	3		是	是	是					
海南省水务厅										
山西省水利厅	13	1	是	是	是	是	是	是	是	是
吉林省水利厅	1	1				是			是	
黑龙江省水利厅	6					是			是	是

单位名称	安全保密防护设备数量/个	采用CA身份认证的应用系统数量/个	是否进行分级保护改造	是否通过分级保护测评	是否实现统一的安全管理	是否配有本地数据备份系统	是否配有同城异地数据备份系统	是否配有远程异地容灾数据备份系统	是否开展保密检查	是否开展应急演练
安徽省水利厅	1				是	是			是	是
江西省水利厅	7	2			是	是			是	是
河南省水利厅	2	1			是	是			是	是
湖北省水利厅	1		是			是			是	是
湖南省水利厅	2				是	是			是	
内蒙古自治区水利厅			是						是	
广西壮族自治区水利厅		1								
重庆市水利局	5		是	是	是				是	
四川省水利厅	4				是	是			是	是
贵州省水利厅		1		是		是				是
云南省水利厅	1								是	
西藏自治区水利厅										
陕西省水利厅	8		是			是	是		是	是
甘肃省水利厅	1	1	是	是	是	是	是			
青海省水利厅	1			是	是	是				是
宁夏回族自治区水利厅	1					是			是	
新疆维吾尔自治区水利厅	25	1							是	是
新疆生产建设兵团水利局	5	1			是	是		是	是	

（十三）外网系统运行安全保障情况

单位名称	安全保密防护设备数量/个	采用CA身份认证的应用系统数量/个	是否进行等级保护改造	是否通过等级保护测评	是否实现统一的安全管理	是否配有本地数据备份系统	是否配有同城异地数据备份系统	是否配有远程异地容灾数据备份系统	是否开展保密检查	是否开展应急演练
水利部	55	56	是	是	是	是	是	是	是	是
长江水利委员会	10	1	是	是			是	是	是	是
黄河水利委员会	20	1					是	是		
淮河水利委员会	28	1	是	是		是	是	是		是
海河水利委员会	7	4								
珠江水利委员会	20					是	是			是
松江水利委员会	21	3		是			是	是		
太湖流域管理局	51	2	是	是			是	是		
北京市水务局	8	1	是	是	是					
天津市水务局		1		是						
河北省水利厅	5	1		是			是	是		

续表

单位名称	安全保密防护设备数量/个	采用CA身份认证的应用系统数量/个	是否进行等级保护改造	是否通过等级保护测评	是否实现统一的安全管理	是否配有本地数据备份系统	是否配有同城异地数据备份系统	是否配有远程异地容灾数据备份系统	是否开展保密检查	是否开展应急演练
辽宁省水利厅	10		是	是			是	是	是	
上海市水务局	50		是	是	是	是	是	是	是	是
江苏省水利厅	1	1		是			是	是		是
浙江省水利厅	15		是	是			是	是	是	
福建省水利厅	7	1	是	是			是	是	是	是
山东省水利厅	10	1	是	是			是	是	是	是
广东省水利厅	3		是	是				是		是
海南省水务厅										
山西省水利厅	13	1	是	是	是	是	是	是	是	
吉林省水利厅	1	1	是	是			是	是	是	
黑龙江省水利厅	6		是	是			是	是	是	
安徽省水利厅	1	1	是	是		是	是	是	是	
江西省水利厅	3		是	是			是	是	是	是
河南省水利厅	6		是	是			是	是	是	是
湖北省水利厅	5				是			是		
湖南省水利厅	3		是	是			是	是		
内蒙古自治区水利厅	8		是	是		是				
广西壮族自治区水利厅	7	2	是	是	是	是	是	是		
重庆市水利局	14	5	是	是	是		是	是	是	是
四川省水利厅	4		是	是			是	是		
贵州省水利厅							是	是		
云南省水利厅	4		是				是	是		
西藏自治区水利厅	8			是			是	是		
陕西省水利厅	3					是	是	是	是	是
甘肃省水利厅	10	1		是			是			
青海省水利厅	12		是	是			是			
宁夏回族自治区水利厅	3			是			是	是		
新疆维吾尔自治区水利厅	6	1	是	是			是	是	是	
新疆生产建设兵团水利局	5	1	是	是		是	是	是	是	是

（十四）信息系统等级保护情况

单位：个

单位名称	总数量				已整改的系统数量				已通过测评的系统数量			
	三级信息系统	二级信息系统	一级信息系统	未定级信息系统	三级信息系统	二级信息系统	一级信息系统	未定级信息系统	三级信息系统	二级信息系统	一级信息系统	未定级信息系统
水利部	9	3			6	3			6	3		
长江水利委员会	3	6		13	2	6			2	6		
黄河水利委员会	9	18		4								

续表

单位名称	总数量				已整改的系统数量				已通过测评的系统数量			
	三级信息系统	二级信息系统	一级信息系统	未定级信息系统	三级信息系统	二级信息系统	一级信息系统	未定级信息系统	三级信息系统	二级信息系统	一级信息系统	未定级信息系统
淮河水利委员会	2	2			2	2			2			
海河水利委员会	11	19		106	11	19			11	19		
珠江水利委员会	4	5			4	5			4	5		
松辽水利委员会	4	3	17		4	3			4			
太湖流域管理局	4	4			4	4			4			
北京市水务局	1	6	16		1	6			1	6		
天津市水务局	1	6			1	6						
河北省水利厅												
山西省水利厅	1	2		12	1	2			1	2		
内蒙古自治区水利厅	1	1		5								
辽宁省水利厅		17								1		
吉林省水利厅												
黑龙江省水利厅				1								
上海市水务局	24	18	20							18	20	
江苏省水利厅												
浙江省水利厅	2	2			2	2						
安徽省水利厅	1	31	3		1	2	1		1	1		
福建省水利厅	3	1			3	1			3	1		
江西省水利厅	1	2			1	2			1	2		
山东省水利厅		2		8		2				2		
河南省水利厅		1	2			1	2			1	2	
湖北省水利厅		7								7		
湖南省水利厅				1				1				1
广东省水利厅	2	13			2	13			2	13		
广西壮族自治区水利厅	2	4										
海南省水务厅												
重庆市水利局	3				3				3			
四川省水利厅		1		1						1		
贵州省水利厅	1				1				1			
云南省水利厅	3	5		16					3	5		
西藏自治区水利厅				3								
陕西省水利厅	2			3								
甘肃省水利厅	5	1	1	2								
青海省水利厅		2	2	1		2				2		
宁夏回族自治区水利厅	2	2		6	2	1			1			
新疆维吾尔自治区水利厅		2		5		2						
新疆生产建设兵团水利局	4				4							

（十五）信息系统等级保护三级系统情况

单位名称	序号	系统名称	备案单位	是否整改	是否测评
水利部机关	1	水利部网站信息系统	北京市公安局	是	是
	2	水利计算机骨干网络系统	公安部	是	是
	3	实时水情交换与查询系统	公安部	是	是
	4	综合数据库信息系统	公安部	是	是
	5	防汛会商大屏幕系统	公安部	是	是
	6	防汛抗旱异地会商视频会议系统	公安部	是	是
	7	国家水资源管理系统	公安部	同步建设	否
	8	水利安全生产监管信息系统	北京市公安局	同步建设	否
	9	水利生态环境保护信息系统	北京公安局	否	否
长江水利委员会	1	长江水利委员会防汛抗旱指挥系统骨干网	湖北省公安厅	是	否
	2	长江水利委员会防汛抗旱指挥系统业务管理系统	湖北省公安厅	是	否
	3	长江水利委员会防汛抗旱指挥系统水情交换系统	湖北省公安厅	是	否
	4	长江水利委员会防汛抗旱指挥系统实时水情数据库	湖北省公安厅	是	否
	5	长江流域水利综合管理信息服务平台	湖北省公安厅	否	否
黄河水利委员会	1	黄河下游工情险情会商系统	河南省公安厅	否	否
	2	黄河防汛计算机骨干网络系统	河南省公安厅	否	否
	3	黄河洪水预报系统	河南省公安厅	否	否
	4	黄河实时水文气象信息查询及会商系统	河南省公安厅	否	否
	5	黄河水环境信息管理系统	河南省公安厅	否	否
	6	黄河水量调度管理系统	河南省公安厅	否	否
	7	黄河水利委员会实时水雨情数据库系统	河南省公安厅	否	否
	8	黄河数据中心信息系统	河南省公安厅	否	否
	9	黄河预报调度耦合系统	河南省公安厅	否	否
淮河水利委员会	1	淮河水利委员会防汛抗旱综合业务应用系统	淮河水利委员会水文局（信息中心）	是	
	2	淮河水利委员会水资源管理综合业务应用系统	淮河水利委员会水文局（信息中心）	是	
	3	沂委沂沭泗局防汛抗旱综合业务应用系统	徐州公安局	是	是
海河水利委员会	1	海河流域雨水情信息查询系统	天津市公安局	是	否
	2	海河流域异地会商系统	天津市公安局	是	否
	3	海河流域计算机骨干网络系统	天津市公安局	是	否
	4	漳卫南局综合办公系统	山东省公安厅	是	否
	5	漳卫南流域水雨情信息查询系统	山东省公安厅	是	否
	6	引滦局综合办公系统	唐山市公安局	是	否

续表

单位名称	序号	系统名称	备案单位	是否整改	是否测评
海河水利委员会	7	潘家口洪水预报调度系统	唐山市公安局	是	否
	8	海河下游局综合办公系统	天津市公安局	是	否
	9	海河下游局水情信息查询系统	邯郸市公安局	是	否
	10	海河下游管理局电子政务系统	天津市公安局	是	是
	11	漳河上游局电子政务系统	邯郸市公安局	是	否
	12	漳河上游局综合办公系统	邯郸市公安局	是	否
珠江水利委员会	1	珠江防汛抗旱指挥系统	珠江水利委员会	是	是
	2	珠江流域防洪调度系统	珠江水利委员会	是	是
	3	珠江决策支持数据中心应用服务平台	珠江水利委员会	是	是
	4	珠江骨干水库统一调度管理信息系统	珠江水利委员会	是	是
松辽水利委员会	1	松辽水利委员会防汛调度系统	松辽水利委员会防汛抗旱办公室		
	2	松辽水利委员会防汛抗旱指挥系统（骨干网）	松辽水利委员会水文局（信息中心）		
	3	松辽水利委员会防汛抗旱异地会商视频会议系统	松辽水利委员会水文局（信息中心）		
	4	国家水资源监控能力建设松辽委信息平台系统	吉林省公安厅	是	是
太湖流域管理局	1	数据中心管理系统	上海市公安局	是	否
	2	防汛抗旱业务系统	上海市公安局	是	否
	3	视频会商系统	上海市公安局	是	否
	4	水资源管理业务系统	上海市公安局	否	否
	5	水资源管理信息系统	上海市公安局	是	是
北京市水务局	1	北京市水务局决策信息服务平台	北京测评中心	是	是
	2	出库水质自动监测系统		是	是
天津市水务局	1	国家防汛抗旱指挥系统骨干网（天津）系统	天津市水务局	是	否
浙江省水利厅	1	"浙江水利"网站	未备案成功	是	是
	2	浙江水利业务应用系统	未备案成功		
福建省水利厅	1	福建省防汛决策指挥支持系统	福建省网络与信息安全测评中心	是	是
	2	福建省水利信息网站信息系统	福建省网络与信息安全测评中心	是	是
广东省水利厅	1	广东省水利厅三防指挥系统	广东省公安厅	是	是
	2	广东省水利数据中心数据库管理系统	广东省公安厅	是	是
山西省水利厅	1	山西省数字水利系统	山西省数字水利中心	否	否
	2	山西省防汛抗旱指挥系统	山西省人民政府防汛抗旱指挥办公室	是	是
	3	山西省防汛抗旱指挥系统骨干网	山西省人民政府防汛抗旱指挥办公室	是	是
	4	门户网站	太原市公安局	是	是
安徽省水利厅	1	安徽省防汛抗旱指挥系统	安徽省公安厅	是	否
	2	安徽省水利厅资产管理系统	安徽省公安厅	是	否

续表

单位名称	序号	系统名称	备案单位	是否整改	是否测评
江西省水利厅	1	江西省水利骨干网系统（三级系统）	江西省水利厅	是	是
	2	鹰潭市防汛抗旱决策系统	江西省防总	否	否
	3	江西省防汛抗旱指挥系统	江西省水利厅	是	是
湖北省水利厅	1	办公内网	恩施州公安局		否
内蒙古自治区水利厅	1	防汛决策支持系统	内蒙古自治区水利厅		
广西壮族自治区水利厅	1	广西壮族自治区水利厅电子政务内部网络系统（二级）	广西壮族自治区公安厅		
重庆市水利局	1	重庆市水利水务网站	重庆市公安局	是	是
	2	重庆市水利电子政务办公系统	重庆市公安局	是	是
	3	重庆市防汛抗旱指挥信息管理系统	重庆市公安局	是	是
四川省水利厅	1	德阳市山洪灾害防治预警系统	德阳市公安局	是	否
	2	四川省国家水资源监控系统			是
	3	成都水务局综合管理系统		是	是
云南省水利厅	1	异地会商会议系统			是
陕西省水利厅	1	陕西省水利厅门户网站	陕西省公安厅	否	否
	2	陕西省防汛应用平台	陕西省公安厅	否	否
甘肃省水利厅	1	甘肃省抗旱防汛高清视频会议系统	甘肃省水利厅	是	是
	2	甘肃省水利厅门户网站	甘肃省水利厅	是	是
	3	甘肃水利信息共享互用平台	甘肃省水利厅	否	是
	4	国家水资源甘肃省项目系统	甘肃省水利厅	否	是
	5	甘肃省水利工程建设管理平台及水利建设市场信用信息平台	甘肃省水利厅	否	是
宁夏回族自治区水利厅	1	国家防汛抗旱指挥系统一期工程宁夏子系统	宁夏回族自治区水利厅	否	否
新疆生产建设兵团水利局	1	新疆兵团中小河流水文监测系统建设项目		是	否

（十六）信 息 采 集 情 况

单位：处

单位名称	雨量		水位		流量		地下水埋深		水土保持		水质		墒情（旱情）		蒸发		其他	
	总采集点	自动采集点	总采集点	自动采集点	总采集点	自动采集点	总采集点	自动采集点	总采集点	自动采集点	总采集点	自动采集点	总采集点	自动采集点	总采集点	自动采集点	总采集点	自动采集点
长江水利委员会	219	212	355	315	87	18	2	1	3		1583	18	2	1	16	3	114	11
黄河水利委员会	984	945	233	118	185	31					372	16			41	2	47	9
淮河水利委员会	1	1	45	45	1						51	29						
海河水利委员会	14	14	53	53	33		1	1			212	10			6		31	1
珠江水利委员会	1	1	24	24	6	6					118	2					18	18
松辽水利委员会	172	172	24	18	16	10					94	10			4		4	

续表

单位名称	雨量		水位		流量		地下水埋深		水土保持		水质		墒情（旱情）		蒸发		其他	
	总采集点	自动采集点	总采集点	自动采集点	总采集点	自动采集点	总采集点	自动采集点	总采集点	自动采集点	总采集点	自动采集点	总采集点	自动采集点	总采集点	自动采集点	总采集点	自动采集点
太湖流域管理局	57	57	75	72	178	21					254	20					12	12
北京市水务局	420	399	430	350	109	86	978	204	11	3	706	128	80	80	14		141	93
天津市水务局	136	136	184	192	65	54	424	155	5		238	69					209	209
河北省水利厅	3451	3451	1055	1055			3016	3016	46	46	654	654	103	103				
辽宁省水利厅	3316	3240	846	510	218	40	701	326			1161	3	95	55	40	2	290	290
上海市水务局	576	576	156	156							57	15	5					
江苏省水利厅	1581	1581	1688	1688	199		500	500	6	1	2003	39	7		36		3500	3500
浙江省水利厅	3806	3806	3511	3511	35	35	156	156					15	15	36	36		
福建省水利厅	3403	3403	1938	1938	326	326			10		328	60			31		35	35
山东省水利厅	4628	4628	1281	1281	2478	2428	3116	481	1139		781	21	363	347	76	13	3	3
广东省水利厅	2437	2437	1161	1161	80	36	25	25			633	125	52	52	42	9	259	259
海南省水务厅																		
山西省水利厅	3989	3989	821	777	2455	2385	2345	1615			199	64	71		17	2	3000	3000
吉林省水利厅	1150	1150											100	88				
黑龙江省水利厅	846	730	217	146	443	21	1290				752	1	16	16	79		16	16
安徽省水利厅	1589	1589	434	434	162	4	199	158	23		405	4	224	137	49	1	443	443
江西省水利厅	3739	3739	714	714	107	1	20	20	8	8	414	414	68	68	52	1		
河南省水利厅	4028	4028	678	67	455		1253	150	29		228		316	194	51			
湖北省水利厅	6380	5966	2843	2788	392	35	40	40	94	4	480	64	87	59	53	11		
湖南省水利厅	1901	1901	491	491	111	111							27	27			1125	1125
内蒙古自治区水利厅	3561	3561	245	245	314	314	363	363							110			
广西壮族自治区水利厅	7890	7890	1022	1022	1545	1470	10	10	9	2	160	27	12	12	135	2		
重庆市水务局	4698	4698	848	848	83	71			26		182		72	69	11	1		
四川省水利厅	13714	8831	6000	5292	704	530	55	27			576	16	13	1	97	9	9	8
贵州省水利厅			21	21	90	90					136	3						
云南省水利厅	4854	2454	781	636	85	55	74	74	7	4	132	48	19	19	47	32		
西藏自治区水利厅	1642	1603	58	6	49		14	14	2		85		7	6	35		119	119
陕西省水利厅	3627	3627	897	897	138	138							47	47				
甘肃省水利厅	337	489	165	214	99	3	320	92			134		110	90	76	2	115	17
青海省水利厅	1597	1582	239	207	206	152	31	13	21	12	123	1	10	10	37		31	31
宁夏回族自治区水利厅	1041	876	1199	1141	570	570	230	142	15		137		49	30	23	8	27	7
新疆维吾尔自治区水利厅	359	304	621	486	144	20	706	430	64	66	225	10	87	87	91	78	19	19
新疆兵团水利局	517	517	590	590	141	141							178	178			141	141

（十七）信息化的监控系统数及信息化的监控点数

单位：个

单 位 名 称	监控系统数量	监控点总数量	独立（移动）点数量
长江水利委员会	10	248	
黄河水利委员会	62	549	10
淮河水利委员会	79	275	
海河水利委员会	95	568	
珠江水利委员会			
松辽水利委员会	9	796	1
太湖流域管理局	12	156	
流域小计	267	2592	11
北京市水务局	71	2114	96
天津市水务局	27	708	11
河北省水利厅	3	140	
辽宁省水利厅	2	236	
上海市水务局	2	40	43
江苏省水利厅			
浙江省水利厅	353	6225	19
福建省水利厅	2	128	93
山东省水利厅	23	5401	1
广东省水利厅	304	2208	30
海南省水务厅			
山西省水利厅	18	4908	44
吉林省水利厅	1	44	
黑龙江省水利厅	9	192	
安徽省水利厅	44	830	188
江西省水利厅	20	964	6
河南省水利厅	44	59	48
湖北省水利厅	36	2879	66
湖南省水利厅	1	11	
内蒙古自治区水利厅			
广西壮族自治区水利厅	2	3980	224
重庆市水利局	4	848	
四川省水利厅	358	5811	163
贵州省水利厅	1	3	
云南省水利厅	20	117	50
西藏自治区水利厅	4	210	
陕西省水利厅	1	107	1
甘肃省水利厅	6	245	
青海省水利厅	28	1196	
宁夏回族自治区水利厅	2	144	
新疆维吾尔自治区水利厅	8	405	30
新疆生产建设兵团水利局	4	1675	
地方小计	1398	41828	1113
全国合计	1665	44420	1124

（十八）数据中心支撑的业务应用类型覆盖情况

单位名称	是否已建立数据中心	是否支持防汛抗旱指挥与管理系统	是否支持水资源监测与管理系统	是否支持水土保持监测与管理系统	是否支持农村水利综合管理系统	是否支持水利水电工程移民安置与管理系统	是否支持水利电子政务系统	是否支持水利工程建设与管理系统	是否支持水政监察管理系统	是否支持农村水电业务管理系统	是否支持水文业务管理系统	是否支持水利应急管理系统	是否支持水利遥感数据管理与应用系统	是否支持水利普查数据管理与应用系统	是否支持山洪监测数据管理与应用系统
水利部机关	是	是	是	是	是	是	是	是	是	是	是	是	是	是	是
长江水利委员会															
黄河水利委员会	是	是	是	是			是	是	是		是		是	是	
淮河水利委员会															
海河水利委员会	是	是	是	是			是				是		是		是
珠江水利委员会	是	是	是	是	是		是	是	是	是	是	是	是	是	是
松辽水利委员会		是	是	是				是			是				
太湖流域管理局	是	是	是	是				是			是				是
北京市水务局		是	是		是		是	是				是		是	
天津市水务局	是	是	是	是				是						是	
河北省水利厅	是	是	是	是				是			是			是	是
辽宁省水利厅		是	是	是	是	是		是		是			是		
上海市水务局	是	是	是	是		是		是			是	是	是		
江苏省水利厅	是	是	是	是			是	是	是						
浙江省水利厅															
福建省水利厅	是	是	是	是	是	是	是	是	是	是	是	是	是	是	是
山东省水利厅	是	是	是	是	是	是	是	是	是	是	是	是	是	是	是
广东省水利厅	是	是	是	是	是	是	是	是	是	是	是	是	是	是	是
海南省水务厅															
山西省水利厅	是	是	是	是	是	是	是	是	是	是	是	是	是	是	是
吉林省水利厅		是	是	是	是					是					
黑龙江省水利厅	是	是								是					是
安徽省水利厅	是	是	是	是	是	是	是	是							
江西省水利厅	是	是	是	是	是	是	是	是	是	是					
河南省水利厅															
湖北省水利厅															
湖南省水利厅	是	是		是	是		是	是			是	是			是
内蒙古自治区水利厅	是	是	是												是
广西壮族自治区水利厅	是									是					
重庆市水利局	是	是	是	是		是	是							是	是
四川省水利厅	是	是	是	是	是	是	是	是	是	是	是	是	是	是	是
贵州省水利厅															
云南省水利厅															

续表

单位名称	是否已建立数据中心	是否支持防汛抗旱指挥与管理系统	是否支持水资源监测与管理系统	是否支持水土保持监测与管理系统	是否支持农村水利综合管理系统	是否支持水利水电工程移民安置与管理系统	是否支持水利电子政务系统	是否支持水利工程建设与管理系统	是否支持水政监察管理系统	是否支持农村水电业务管理系统	是否支持水利业务管理系统	是否支持水利应急管理系统	是否支持水利遥感数据管理与应用系统	是否支持水利普查数据管理与应用系统	是否支持山洪监测数据管理与应用系统
西藏自治区水利厅	是	是	是				是	是	是	是	是	是	是	是	是
陕西省水利厅		是	是												
甘肃省水利厅	是		是		是		是							是	
青海省水利厅		是	是	是			是				是			是	是
宁夏回族自治区水利厅	是	是	是	是							是		是	是	是
新疆维吾尔自治区水利厅															
新疆生产建设兵团水利局		是	是				是				是	是			是

（十九）数据库建设情况

单位名称	数据库数量/个	数据库存储总数据量/GB	非结构化数据存储总数据量/GB
水利部机关	29	300096.00	63349.60
长江水利委员会	105	8695.70	70000.00
黄河水利委员会	124	43118.70	16092.80
淮河水利委员会	191	58207.19	47092.80
海河水利委员会	83	2195.00	1400.00
珠江水利委员会	8	2000.00	1200.00
松辽水利委员会	31	5448.10	7315.00
太湖流域管理局	46	34.00	599.00
流域小计	588	119698.69	143699.60
北京市水务局	57	5706.80	1700.00
天津市水务局	20	31241.00	10000.00
河北省水利厅	6	150.00	3500.00
辽宁省水利厅	16	2600.00	4000.00
上海市水务局	1	700.00	60000.00
江苏省水利厅	10	1000.00	10000.00
浙江省水利厅	104	20359.00	11221.00
福建省水利厅	8	503.00	230.00
山东省水利厅	16	20158.00	22801.00
广东省水利厅	60	16045.17	8511.00
海南省水务厅			
山西省水利厅	22	63741.50	
吉林省水利厅	9	106.00	

续表

单 位 名 称	数据库数量 /个	数据库存储总数据量 /GB	非结构化数据存储总数据量 /GB
黑龙江省水利厅	4	603.00	
安徽省水利厅	70	99300.00	27200.00
江西省水利厅	34	12792.30	6517.20
河南省水利厅	130	5507.37	6979.00
湖北省水利厅	43	8613.00	2883.00
湖南省水利厅	3	3000.00	200.00
内蒙古自治区水利厅	3	5.00	
广西壮族自治区水利厅	20	15000.00	3000.00
重庆市水利局	11	288.00	160.00
四川省水利厅	41	13755.50	6541.00
贵州省水利厅	14	1200.00	600.00
云南省水利厅	4	1100.00	1000.00
西藏自治区水利厅	16	10084.00	100000.00
陕西省水利厅	29	81.00	
甘肃省水利厅	12	46660.00	1800.00
青海省水利厅	9	156.00	2100.00
宁夏回族自治区水利厅	7	152.51	102.50
新疆维吾尔自治区水利厅	57	183774.00	163002.00
新疆生产建设兵团水利局	6	860.00	
地方小计	842	565242.15	454047.70
全国合计	1459	985036.84	661096.90

（二十）数据中心信息服务方式

单 位 名 称	是否实现业务系统联机访问	是否提供目录服务	是否提供非授权联机查询	是否提供非授权联机下载	是否提供授权联机查询	是否提供授权联机下载	是否提供主题（专题）服务	是否提供数据挖掘和综合分析服务	是否提供离线服务	是否提供移动应用服务
水利部机关	是	是			是	是	是	是		是
长江水利委员会										
黄河水利委员会	是	是	是		是	是	是	是	是	是
淮河水利委员会										
海河水利委员会	是									
珠江水利委员会	是	是	是	是	是	是	是	是	是	
松辽水利委员会										
太湖流域管理局	是	是			是		是			是
北京市水务局	是		是		是	是	是			是
天津市水务局	是				是	是				是
河北省水利厅	是				是	是				是
辽宁省水利厅	是		是		是	是				

续表

单位名称	是否实现业务系统联机访问	是否提供目录服务	是否提供非授权联机查询	是否提供非授权联机下载	是否提供授权联机查询	是否提供授权联机下载	是否提供主题（专题）服务	是否提供数据挖掘和综合分析服务	是否提供离线服务	是否提供移动应用服务
上海市水务局	是	是			是	是	是	是	是	是
江苏省水利厅	是				是	是				是
浙江省水利厅										
福建省水利厅	是	是	是	是	是	是	是	是	是	是
山东省水利厅	是	是			是	是	是	是		是
广东省水利厅	是	是	是		是	是	是	是		是
海南省水务厅										
山西省水利厅	是				是	是	是	是	是	
吉林省水利厅										
黑龙江省水利厅	是									
安徽省水利厅	是		是	是	是	是				是
江西省水利厅	是	是			是	是			是	
河南省水利厅										
湖北省水利厅										
湖南省水利厅	是				是	是	是			
内蒙古自治区水利厅	是				是	是				
广西壮族自治区水利厅	是		是		是					是
重庆市水利局										
四川省水利厅	是	是	是		是	是	是	是	是	是
贵州省水利厅										
云南省水利厅										
西藏自治区水利厅										
陕西省水利厅										
甘肃省水利厅	是				是	是	是	是		是
青海省水利厅										
宁夏回族自治区水利厅	是	是			是	是				
新疆维吾尔自治区水利厅										
新疆生产建设兵团水利局	是	是	是	是	是	是	是	是	是	

（二十一）门户服务情况

单位名称	是否已建立统一的门户服务支撑系统	是否已建立统一的对外服务门户网站	是否已建立统一的对内服务门户网站	是否实现基于门户服务的信息安全管理集成	是否实现基于门户服务的数据中心管理与服务集成	是否实现基于门户服务的业务系统应用集成	是否实现基于门户服务的政务系统应用集成	是否实现基于门户服务的移动业务应用集成	是否实现基于门户服务的应急管理业务应用集成	是否实现基于门户服务的运行环境管理平台集成
水利部机关	是	是	是	是		是	是		是	是
长江水利委员会	是	是	是			是	是			

续表

单位名称	是否已建立统一的门户服务支撑系统	是否已建立统一的对外服务门户网站	是否已建立统一的对内服务门户网站	是否实现基于门户服务的信息安全管理集成	是否实现基于门户服务的数据中心管理与服务集成	是否实现基于门户服务的业务系统应用集成	是否实现基于门户服务的政务系统应用集成	是否实现基于门户服务的移动业务应用集成	是否实现基于门户服务的应急管理业务应用集成	是否实现基于门户服务的运行环境管理平台集成
黄河水利委员会	是	是	是	是	是	是	是	是	是	是
淮河水利委员会	是	是	是			是	是			
海河水利委员会	是	是	是			是	是			是
珠江水利委员会	是	是	是	是	是	是	是	是		是
松辽水利委员会	是	是	是	是		是	是			是
太湖流域管理局	是	是	是			是	是	是		
北京市水务局	是	是	是	是	是	是	是	是	是	是
天津市水务局		是	是	是			是			
河北省水利厅		是	是			是				
辽宁省水利厅	是	是								
上海市水务局	是	是	是	是	是	是	是	是	是	是
江苏省水利厅	是	是	是			是	是			
浙江省水利厅	是	是	是	是		是	是	是		是
福建省水利厅	是	是	是	是	是	是	是	是	是	是
山东省水利厅	是	是	是		是	是	是		是	
广东省水利厅	是	是		是	是	是	是	是	是	
海南省水务厅										
山西省水利厅	是	是	是	是	是	是	是	是	是	是
吉林省水利厅		是	是							
黑龙江省水利厅		是								
安徽省水利厅	是	是	是		是	是	是	是		
江西省水利厅	是	是	是	是	是	是	是	是		是
河南省水利厅	是		是							
湖北省水利厅		是	是			是	是			是
湖南省水利厅	是	是		是	是		是			是
内蒙古自治区水利厅		是	是							
广西壮族自治区水利厅	是	是	是	是	是	是				是
重庆市水利局										
四川省水利厅	是	是	是			是	是	是	是	
贵州省水利厅										
云南省水利厅	是	是		是						
西藏自治区水利厅	是	是				是	是			
陕西省水利厅	是	是	是	是	是	是				
甘肃省水利厅	是	是					是			是
青海省水利厅		是	是	是		是				
宁夏回族自治区水利厅	是	是	是							
新疆维吾尔自治区水利厅	是	是		是		是	是			
新疆生产建设兵团水利局	是	是		是	是	是			是	是

（二十二）省级以上水利部门信息服务网站情况

序号	单位名称	单位总数/个	有网站的单位数/个	水行政主管部门门户网站域名	ICP 备案号	2014 年度门户网站或主网站访问次数/万人次
（一）	水利部机关	18	18	www.mwr.gov.cn	京 ICP 备 14010557 号	3441.9
（二）	流域机构					
1	长江水利委员会	35	6	www.cjw.gov.cn	鄂 ICP 备 05011509 号	49
2	黄河水利委员会	76	23	www.yellowriver.gov.cn	豫 ICP 备 14028857 号	14.6
3	淮河水利委员会	19	14	www.hrc.gov.cn	皖 ICP 备 05001041 号	34.6555
4	海河水利委员会	5	5	www.hwcc.gov.cn	津 ICP 备 05007381 号	9
5	珠江水利委员会	13	9	www.pearlwater.gov.cn	粤 ICP 备 11053349 号	27.78
6	松辽水利委员会	16	4	www.slwr.gov.cn	吉 ICP 备 05002634 号	17.15
7	太湖流域管理局	9	4	www.tba.gov.cn	沪 ICP 备 05055548 号	31.847
（三）				省（自治区、直辖市）水利（务）厅（局）		
1	北京市水务局	66	25	www.bjwater.gov.cn	京 ICP 备 05031684 号	540.8386
2	天津市水务局	29	1	www.tjsw.gov.cn	津 ICP 备 10002004 号	10
3	河北省水利厅	198	15	www.hebwater.gov.cn	冀 ICP 备 13020679 号	81
4	山西省水利厅	15	14	www.sxwater.gov.cn	晋 ICP 备 05004666 号	18
5	内蒙古自治区水利厅	132	126	www.nmgslw.gov.cn	蒙 ICP 备 5005891 号	20
6	辽宁省水利厅	1	1	www.lnwater.gov.cn	辽 ICP 备 10008193 号	13
7	吉林省水利厅	31	9	www.slt.jl.gov.cn	吉 ICP 备 05001602 号-1	0.16
8	黑龙江省水利厅	64	3	www.hljsl.gov.cn	黑 ICP 备 12001971 号	0.4035
9	上海市水务局	12	9	www.shanghaiwater.gov.cn	沪 ICP 备 05024668 号-1	4074.7586
10	江苏省水利厅	113	113	www.jswater.gov.cn	苏 ICP 备 05011369 号-1	150
11	浙江省水利厅	131	96	www.zjwater.gov.cn；www.zjwater.com；www.zjfx.gov.cn	浙 ICP 备 05001351 号	7500

续表

序号	单位名称	单位总数/个	有网站的单位数/个	水行政主管部门门户网站域名	ICP 备案号	2014 年度门户网站或主网站访问次数/万人次
12	安徽省水利厅	168	87	www.ahsl.gov.cn	皖 ICP 备 05011837 号	143.9512
13	福建省水利厅	115	41	www.fjwater.gov.cn	闽 ICP 备 11002373 号	150.3767
14	江西省水利厅	122	113	www.jxsl.gov.cn	赣 ICP 备 12001609 号	385
15	山东省水利厅	201	143	www.sdwr.gov.cn	鲁 ICP 备 05043197 号	139.7742
16	河南省水利厅	207	55	www.hnsl.gov.cn; www.hnshuili.gov.cn; www.hnshuili.com	豫 ICP 备 11012831 号	190
17	湖北省水利厅	109	75	www.hubeiwater.gov.cn	鄂 ICP 备 05012882 号	137.7556
18	湖南省水利厅	191	40	www.hnwr.gov.cn	湘 ICP 备 06001013 号	85
19	广东省水利厅	84	63	www.gdwater.gov.cn	粤 ICP 备 05140350 号	89
20	广西壮族自治区水利厅	141	16	www.gxwater.gov.cn; www.gxslt.gov.cn	桂 ICP 备 05007858 号	10
21	海南省水务厅					
22	重庆市水利局	52	44	www.cqwater.gov.cn	渝 ICP 备 05005604 号	93.8781
23	四川省水利厅	1	35	www.scwater.gov.cn	川 ICP 备 010080 号	20
24	贵州省水利厅	115	40	www.gzmwr.gov.cn	黔 ICP 备 05001357 号	25
25	云南省水利厅	12	8	www.wcb.yn.gov.cn	云 ICP 备 05000002 号	507
26	西藏自治区水利厅	45	6	www.xzwater.gov.cn	藏 ICP 备 10200024 号	5
27	陕西省水利厅	16	16	www.sxmwr.gov.cn	陕 ICP 备: 14004168 号	134
28	甘肃省水利厅	30	9	www.gssl.gov.cn	皖 ICP 备 11000121 号	65
29	青海省水利厅	61	8	www.qhsl.gov.cn	青 ICP 备 05001566 号	2600
30	宁夏回族自治区水利厅	39	13	www.nxsl.gov.cn	宁 ICP05001944 号	30
31	新疆维吾尔自治区水利厅	146	22	www.xjslt.gov.cn	新 ICP 备 14001359 号-1	6
32	新疆生产建设兵团水利局	14	14	www.btslj.xjbt.gov.cn	新 ICP 备 10002232 号-6	3.9

(二十三)水行政主管部门门户网站运维管理情况

单位名称	是否自行运营维护	专职运维人数/人	是否自行管理服务器	网站年信息更新量/条	网站年新增专题量/个	是否设有信息发布审核制度	是否开设了调查征集类栏目	是否开设了政务咨询类栏目	是否公开有效信件和留言
水利部机关	是	8	是	31000	26	是	是	是	是
长江水利委员会	是	8	是	6000	15	是	是	是	是
黄河水利委员会				12000	6	是	是	是	是
淮河水利委员会	是	16	是	2400	6	是			
海河水利委员会		5		6000	4				
珠江水利委员会	是	4	是	3246	4	是	是	是	是
松辽水利委员会	是	3		900		是	是	是	
太湖流域管理局			是	2420	4	是	是		是
北京市水务局		2	是	2578	2	是	是	是	是
天津市水务局	是	1	是	18190		是			
河北省水利厅		2	是	1643	3	是	是		
山西省水利厅	是	10	是	4233	1	是	是	是	是
内蒙古自治区水利厅		3		2132	5	是	是	是	
辽宁省水利厅			是			是			
吉林省水利厅	是	3	是	7265	7	是		是	
黑龙江省水利厅	是	7	是	2408	5	是	是		
上海市水务局	是	2	是	2000	8	是	是	是	是
江苏省水利厅	是	3	是	4365	4	是	是	是	是
浙江省水利厅									
安徽省水利厅	是	3	是	4500	7			是	
福建省水利厅		2		1100	3	是		是	
江西省水利厅									
山东省水利厅	是	2	是	3100	2	是	是	是	是
河南省水利厅	是	3	是	4149	10	是	是	是	是
湖北省水利厅	是	2	是	8857	4	是	是	是	是
湖南省水利厅	是	8	是	8300	13	是	是	是	是
广东省水利厅	是	3	是	2500	8	是	是	是	是
广西壮族自治区水利厅									
海南省水务厅	是	2	是	5087	2	是	是	是	是
重庆市水利局									
四川省水利厅		1		1200	5	是	是		是
贵州省水利厅									
云南省水利厅			是	5316	4	是	是	是	
西藏自治区水利厅	是	3	是	5000	1	是			
陕西省水利厅	是	5		10000	5	是	是	是	是
甘肃省水利厅	是	5		4560	20	是		是	是
青海省水利厅	是	3	是	2009	4	是	是	是	是
宁夏回族自治区水利厅	是	1	是	2500	3	是		是	是
新疆维吾尔自治区水利厅	是	9	是			是	是	是	是
新疆生产建设兵团水利局				269		是		是	是

（二十四）水行政主管部门行政许可网上办理情况

单位：项

单 位 名 称	行政许可项数	网站公开及介绍的 行政许可项数	能够在网上办理的 行政许可项数
水利部机关	10	10	10
长江水利委员会	9	9	9
黄河水利委员会	20	20	8
淮河水利委员会	13	13	13
海河水利委员会	10	10	10
珠江水利委员会	10	10	10
松辽水利委员会	10	10	7
太湖流域管理局	8	8	8
流域小计	80	80	65
北京市水务局	23	23	
天津市水务局	20	20	20
河北省水利厅	3	3	
辽宁省水利厅	19	19	19
上海市水务局	53	53	53
江苏省水利厅	253	253	253
浙江省水利厅	8	8	8
福建省水利厅	7	7	7
山东省水利厅	14	14	14
广东省水利厅	9	9	9
海南省水务厅			
山西省水利厅	29	29	
吉林省水利厅	10	10	
黑龙江省水利厅	11	11	11
安徽省水利厅	10	10	10
江西省水利厅	19	19	19
河南省水利厅	12	12	12
湖北省水利厅	8	8	8
湖南省水利厅	12	12	12
内蒙古自治区水利厅	29	29	
广西壮族自治区水利厅	19	19	
重庆市水利局	18	18	17
四川省水利厅	1	1	
贵州省水利厅	79	79	79
云南省水利厅	16	16	9
西藏自治区水利厅	23	23	23
陕西省水利厅	12	12	12
甘肃省水利厅	16	16	
青海省水利厅	10	10	
宁夏回族自治区水利厅	30	30	
新疆维吾尔自治区水利厅	32	32	
新疆生产建设兵团水利局	16	16	16
地方小计	821	821	611
全国合计	923	911	686

（二十五）办公系统使用情况

单位名称	本单位内部是否实现了公文流转无纸化	本单位与上级领导机关之间是否实现了公文流转无纸化	上级水利行业领导机关的单位总数量/个	与本单位之间实现了公文流转无纸化的上级水利行业领导机关单位数量/个	与本单位间实现了公文流转无纸化的直属单位数量/个	下级水行政主管部门单位总数量/个	与本单位之间实现了公文流转无纸化的下级水行政主管部门单位数量/个
水利部机关	是				17		37
长江水利委员会	是	是	1	1	14		
黄河水利委员会	是	是	1	1	1		
淮河水利委员会	是	是	1	1	10	4	
海河水利委员会	是	是	1	1	4	4	4
珠江水利委员会	是	是	1	1	1		
松辽水利委员会	是	是	1	1	1	3	3
太湖流域管理局	是	是	1	1	5		
流域小计	7	7	7	7	36	11	7
北京市水务局	是		2		30	14	
天津市水务局	是	是		19	28	10	
河北省水利厅			1	1		198	
辽宁省水利厅							
上海市水务局	是		2		11	16	
江苏省水利厅	是	是	2	2	22	13	13
浙江省水利厅	是		2			11	
福建省水利厅	是	是	3	1	17	10	
山东省水利厅	是	是	1	1	16	17	17
广东省水利厅	是	是	2	2	8	22	22
海南省水务厅							
山西省水利厅			3			11	
吉林省水利厅		是	1			10	
黑龙江省水利厅							
安徽省水利厅	是	是	4	1	17	16	16
江西省水利厅	是	是	1		7	11	
河南省水利厅	是	是	5	1	29	28	28
湖北省水利厅	是						
湖南省水利厅	是	是	1	1	16	14	14
内蒙古自治区水利厅							
广西壮族自治区水利厅	是	是	2	1	11	112	
重庆市水利局	是	是	2	2	11	41	39
四川省水利厅	是	是	2	2		21	21
贵州省水利厅			3			18	
云南省水利厅	是		3			146	

续表

单位名称	本单位内部是否实现了公文流转无纸化	本单位与上级领导机关之间是否实现了公文流转无纸化	上级水利行业领导机关的单位总数量/个	与本单位之间实现了公文流转无纸化的上级水利行业领导机关单位数量/个	与本单位间实现了公文流转无纸化的直属单位数量/个	下级水行政主管部门单位总数量/个	与本单位之间实现了公文流转无纸化的下级水行政主管部门单位数量/个
西藏自治区水利厅			2			6	
陕西省水利厅			3			12	
甘肃省水利厅	是	是	2				
青海省水利厅	是	是	3	1		8	
宁夏回族自治区水利厅	是	是	2	1	39	27	26
新疆维吾尔自治区水利厅	是	是	2	1	34	14	14
新疆生产建设兵团水利局	是	是	2	2	3	13	13
地方小计	23	18	58	23	299	819	223
全国合计	31	25	65	30	352	830	267

（二十六）业务应用系统应用情况

单位名称	是否应用防汛抗旱指挥与管理系统	是否应用水资源监测与管理系统	是否应用水土保持监测与管理系统	是否应用农村水利综合管理系统	是否应用水利水电工程移民安置与管理系统	是否应用水利电子政务系统	是否应用水利工程建设与管理系统	是否应用水政监察管理系统	是否应用农村水电业务管理系统	是否应用水文业务管理系统	是否应用水利应急管理系统	是否应用水利遥感数据管理与应用系统	是否应用水利普查数据管理与应用系统	是否应用山洪监测数据管理与应用系统
水利部机关	是	是	是	是	是	是	是	是	是	是		是	是	是
长江水利委员会	是	是	是			是							是	
黄河水利委员会					是									
淮河水利委员会	是	是	是			是			是			是	是	是
海河水利委员会	是	是	是			是		是					是	
珠江水利委员会	是	是	是			是			是			是		是
松辽水利委员会						是				是				
太湖流域管理局	是	是	是			是	是		是		是	是		是
北京市水务局	是	是	是	是	是						是			
天津市水务局	是	是			是	是		是					是	
河北省水利厅	是	是	是		是	是			是				是	是
辽宁省水利厅						是								
上海市水务局	是	是				是								
江苏省水利厅	是	是	是			是							是	

续表

单位名称	是否应用防汛抗旱指挥与管理系统	是否应用水资源监测与管理系统	是否应用水土保持监测与管理系统	是否应用农村水利综合管理系统	是否应用水利水电工程移民安置与管理系统	是否应用水利电子政务系统	是否应用水利工程建设与管理系统	是否应用水政监察管理系统	是否应用农村水电业务管理系统	是否应用水文业务管理系统	是否应用水利应急管理系统	是否应用水利遥感数据管理与应用系统	是否应用水利普查数据管理与应用系统	是否应用山洪监测数据管理与应用系统
浙江省水利厅	是	是	是	是		是	是	是	是	是		是	是	是
福建省水利厅	是	是	是	是		是	是	是	是				是	是
山东省水利厅	是	是	是	是	是	是	是	是	是	是	是	是	是	是
广东省水利厅	是	是	是	是		是	是	是	是	是		是	是	是
海南省水务厅														
山西省水利厅	是	是	是	是	是	是	是	是		是	是	是	是	是
吉林省水利厅	是	是	是							是			是	
黑龙江省水利厅	是									是				是
安徽省水利厅	是	是	是	是	是	是	是	是		是	是	是	是	
江西省水利厅	是	是	是			是				是			是	
河南省水利厅	是	是	是		是	是	是	是					是	是
湖北省水利厅	是	是	是			是	是			是			是	
湖南省水利厅	是	是	是			是	是	是					是	
内蒙古自治区水利厅	是	是	是			是							是	是
广西壮族自治区水利厅	是	是	是			是				是				
重庆市水利局	是	是	是			是	是	是			是	是	是	是
四川省水利厅	是	是	是	是	是	是	是			是				
贵州省水利厅	是	是		是	是	是	是	是		是			是	是
云南省水利厅	是	是	是	是		是	是	是	是	是			是	是
西藏自治区水利厅	是	是	是	是		是	是		是		是		是	是
陕西省水利厅	是	是	是			是				是		是	是	是
甘肃省水利厅	是	是	是			是	是	是		是			是	是
青海省水利厅	是			是		是	是	是	是				是	是
宁夏回族自治区水利厅	是	是	是	是		是	是	是	是	是		是	是	是
新疆维吾尔自治区水利厅	是	是	是	是		是	是	是	是	是	是	是	是	是
新疆生产建设兵团水利局	是	是	是	是	是	是	是	是	是	是	是	是	是	是

（二十七）水利通信系统情况

单位名称	卫星通信系统			程控交换系统		应急通信车/辆			微波通信		无线宽带接入	集群通信	其他通信手段		
	水利卫星小站/个	便携卫星小站/套	其他卫星设施/套	系统容量/门	实际用户/个	总数	动中通	静中通	线路长度/km	站数/个	终端/个	终端/个	名称	站数/个	线路长度/km
水利部	643			8000	5258	13		12							
长江水利委员会	36	2		8000	4000		1		50.00	3			光缆线路		40.00
黄河水利委员会	64	5	1	64981	36090	4	1	3	2372.89	124	101	30	卫星电话、光纤	9	49.61
淮河水利委员会	11	1	1	12500	3250	1	1		1580.00	76	1034	1	无线网桥	7	260.00
海河水利委员会	15	1	4	13980	6890	1		1	1549.10	57					
珠江水利委员会	24	1	2	2010	1153						1		5DH 光纤通信、光纤	6	188.00
松辽水利委员会	8	3	3	2124	1342										
太湖流域管理局	3	2	2	300	238										
流域小计	161	15	8	103895	52963	6	2	4	5551.99	260	1136	31		22	537.61
北京市水务局	5		270	3192	2474	3	1	2	475.50	17	20	847	GSM、卫星电话、超短波电台	58	
天津市水务局		1	1	928	709	1		1	317.41	16		63	400兆超短波同播网、超短波、GPRS	60	
河北省水利厅		16									300				
辽宁省水利厅			858	1000	660				436.50	27					550
上海市水务局				1000	230										
江苏省水利厅	1			1000	600	2	1	1							
浙江省水利厅			38								603	5860	超短波、有线等	60	
福建省水利厅	1		127						200.00	3		205	超短波	3403	70000
山东省水利厅	1		34			2	2				30	111	超短波	2379	100
广东省水利厅	1		51	384	128	2					6	4	广东三防信息接收应急保障系统		
海南省水务厅															

续表

单位名称	卫星通信系统			程控交换系统		应急通信车/辆			微波通信		无线宽带接入	集群通信	其他通信手段		
	水利卫星小站/个	其他卫星设施/套	便携卫星小站/套	系统容量/门	实际用户/个	总数	动中通	静中通	线路长度/km	站数/个	终端/个	终端/个	名称	站数/个	线路长度/km
山西省水利厅	1	25		597	59				28.90	15	31		移动电话		
吉林省水利厅		193											超短波	680	
黑龙江省水利厅	4		5												
安徽省水利厅				10000	6000				83.30	11					
江西省水利厅	130			2536	1035	1	1				1		超短波通信	3	
河南省水利厅		22		1024	400										
湖北省水利厅				3716	2094	1		1	2176.00	33	306		光纤传输	2	
湖南省水利厅				2000	1500					17		10			
内蒙古自治区水利厅															
广西壮族自治区水利厅	4	955													
重庆市水利局															
四川省水利厅	12	2		150	103	2		2			6	28	超短波电台，光纤	7	60
贵州省水利厅															
云南省水利厅															
西藏自治区水利厅	15	1621	2												
陕西省水利厅		1		800	756	1	1	1							
甘肃省水利厅	8														
青海省水利厅			4			1	1								
宁夏回族自治区水利厅	3			2600	1156				86.00	26	24		短波电台	96	192
新疆维吾尔自治区水利厅	19	1	1	2520	375						24	1	光纤通信	12	440
新疆生产建设兵团水利局		68											GPRS，自建光纤通信，GPRS，SDH	38	
地方小计	204	4267	31	33447	18279	14	6	8	3803.61	165	1351	7129		6798	71382
全国合计	1008	4275	46	145342	76500	33	9	24	9355.6	425	2487	7160		6820	71651.61

（二十八）全国水利物联网应用汇总表

单　位　名　称		应用系统名称	感知器（传感器）个数/个	移动标签个数/个	主要应用目标
松辽水利委员会	嫩江水文水资源中心	嫩江右侧主要支流水情自动测报系统	103		雨量和水位水情数据
	嫩江尼尔基水利水电有限责任公司	计算机监控系统	120		发电生产运行
北京市水务局	北京市官厅水库管理处	出库水质自动监测系统	10	10	出库水质监测
	北京市城市河湖管理处	视频监控系统	270	270	主要用于自动化日常维护工作
	北京市水务信息管理中心	内城河湖管网水位流量监测系统	43		监测内城主要河道湖泊的水位流量和排水口流量变化情况，支撑水流调度
浙江省水利厅	宁波市	水库现代化综合管理平台	200		水库运行监测
		水雨情发布系统	1110		水雨情数据发布
		宁波市区河道调水管理系统	300		调水取水监测
		宁波市防汛预警系统	500		防汛预警
		宁波城市动态洪水风险图	220		洪水分析
江西省水利厅	吉安市	机房环境监控	3		机房环境监控
四川省水利厅	四川省农田水利局	小型水库动态预警系统	1680	1680	通过系统能及时掌握水雨情和实时现场图像，水库超汛限水位会自动报警
甘肃省水利厅	省疏勒河管理局	一体化自动测控闸门系统	102		渠道全自动化控制及数据采集

（二十九）全国水利云技术应用汇总表

单　位　名　称		云名称	上云的数据总量/GB	上云的应用名称	共享云资源的单位和部门名称	日最高访问量/人次	云的年运维（租用）费/万元
长江水利委员会	长科院	阿里云服务器	50	大坝安全监测系统		100	1
浙江省水利厅	厅机关	阿里云	21.9	台风路径实时发布系统		14300000	9
	省水利水电勘测设计院	阿里云ECS云服务器	110	外网网站	全院	1400	0.37
	省水利水电技术咨询中心	阿里云	1	网站		100	0.2
四川省水利厅	四川省电力设计院	263云			全院	50	5

（三十）全国水利大数据应用汇总表

单 位 名 称		大数据应用平台名称	平台的数据量/GB	平台数据包含的类型	主要应用目标
长江水利委员会	汉江集团	汉江集团BQ智能分析系统	8	财务、人力资源、生产、水情	辅助领导决策
上海市水务局	水务局机关	水务海洋数据云	10000	结构化、非结构化	支撑全市水务海洋信息化应用建设
浙江省水利厅	浙江省水文局	浙江省防汛通信平台	3000	水文、水资源、水环境	水雨情信息实时监测
		中小河流预警预报平台	6000	水文、气象、地图	水利防汛及防灾减灾
山东省水利厅	水利厅机关	山东省山洪灾害监测预警信息共享大数据管理平台	2000	水文、雨水情数据、多媒体数据	山洪灾害监测预警信息
山西省水利厅	山西省水产科学研究所	山西省渔业资源信息管理平台	0.5	渔业资源	全省渔业资源普查
江西省水利厅	江西省赣管局	灌区水情闸位自动监测系统	30	水位、闸位	防汛、抗旱调度
四川省水利厅	四川省玉溪河灌区管理局	自动水位监测	2000	水位	水位监测
甘肃省水利厅	水利厅机关	甘肃水利信息共享互用平台	2200		水利基础数据、动态数据

（三十一）全国水利移动应用汇总表

单 位 名 称		移动应用支撑软件名称	可支持的并发用户数/个	对水利内部服务的内容	对社会公众的服务内容	日最高访问量/人次
水利部水文局（水利信息中心）	网络中心	水文局移动办公自动化系统		局办公自动化相关应用	无	160
长江水利委员会	水文局	长江水文移动应用	1000	查询重要水文站、水文站实时及历史水文数据	无	600
	长科院	EXMOBI	600	院内部综合管理系统移动办公	无	100
	汉江集团	汉江集团移动门户	200	汉江集团OA办公、水情数据、通信录等	无	40
	长江水利委员会机关	长江委纪检监察微信公众号		宣传委党风廉政建设工作情况，纪检监察经验交流指导		40
黄河水利委员会	黄河水利委员会信息中心	黄河水利委员会移动视频会商系统	5	满足防汛抗旱、防凌、水土保持、水量调度重要人员出差在外时，利用PC、平板电脑、手机（IOS、安卓系统）通过互联网3G、4G网络召集和参加视频会议以及临时性的会商决策、调度指挥		
	黄河水利委员会水文局	黄河水利委员会水文局微信公众号	200	会议助手、政务信息、通知公告、信息导读、通信录任务分派等	无	200
	陕西河务局	陕西河务局移动视频会议系统	30	实现移动端之间及移动端与会议室端之间的视频会议		

续表

单 位 名 称		移动应用支撑软件名称	可支持的并发用户数/个	对水利内部服务的内容	对社会公众的服务内容	日最高访问量/人次
淮河水利委员会	沂沭泗水利管理局	沂沭泗防汛远程信息查询系统	200	防汛信息查询		20
	淮河水利委员会水文局（信息中心）	山洪灾害查询系统	20	水情查询、监视，雨情查询、监视，超限预警，定位管理，气象信息，预报成果，防汛通信等查询展示	无	50
珠江水利委员会	珠江水利委员会机关	珠江防汛通	200	为防汛专家提供防汛相关信息服务		50
	水文局	水情易信通	200	实时雨水情信息	实时雨水情信息	500
	珠江水利科学研究院	森林防火动态监管系统（移动版）	100	森林防火测站实时图像及各种数据查询		54
北京市水务局	北京市水文总站	北京水文移动查询系统	200	雨水情信息查询	无	2000
	北京市人民政府防汛抗旱指挥部办公室	北京城市洪涝灾害应急移动系统	300	查看实时汛情、气象信息、防汛预案、防汛责任制及防汛基础数据		500
	北京市水土保持工作总站	那山那水微信公众号	800		对外提供水土保持工作的宣传	800
	北京市水务信息管理中心	PDA终端巡检系统	300	对涉水事件进行及时分派、接收和处置。	不涉及	50
上海市水务局	水务局机关	"上海市水务业务受理中心"微信号			行政审批、信息公开、热线服务	
江苏省水利厅	江苏省水利厅	水情PDA查询系统		基于GIS的水雨情数据查询	基于GIS的水雨情数据查询	5000
浙江省水利厅	水利厅机关	浙江省防汛掌上通	1500	基于iPhone和安卓等手机终端进行开发的汛情发布系统，集汛情		166
	浙江省水文局	浙江水情APP	2000	水雨情监控及管理	水雨情信息查询	90
	浙江省水利水电勘测设计院	移动办公系统	200	无	无	300
山东省水利厅	浙江省水文局	电子政务系统	30	政务办公		27
广东省水利厅	广东省西江流域管理局	移动办公软件	50	公文处理、行政审批处理		
	水利厅机关	智慧水利	10000	水利门户、移动办公系统、三防决策支持、视频会议系统、视频监控系统、山洪防治与预警系统		1000
山西省水利厅	山西省引沁入汾和川引水枢纽工程建设管理局	入库站水文自动测报系统	20	水位流量数据采集报告	无	192
安徽省水利厅	水利厅机关	安徽省省水利视频监视端手机App	50	工程视频监视	工程视频监视	50

续表

单 位 名 称		移动应用支撑软件名称	可支持的并发用户数/个	对水利内部服务的内容	对社会公众的服务内容	日最高访问量/人次
江西省水利厅	江西水利职业学院	水院零距离微信公众号		宣传水院校园文化特色和风貌	宣传水院校园文化特色和风貌	357
	水利厅机关	赣水通		通讯录	水雨情信息、山洪预警	
湖北省水利厅	厅机关（省水文局）	水情移动通	100	实时水雨情信息查询	实时水雨情信息查询	50
	武汉市	水务通	100	实时监测		
	湖北省富水水库管理局	MAS 短信平台	200	短信、通知	短信、通知	
湖南省水利厅	厅机关	微信		防汛抗旱	防汛抗旱	300
广西壮族自治区水利厅	广西水文水资源局	广西水文易信通	300	实时雨晴、水情、预警等		200
四川省水利厅	四川省农田水利局	水库动态预警系统	1000	报汛、预警	无	
	厅机关	四川防汛通	1000	水情查询、雨情查询、工情查询、移动办公、卫星云图、通讯录、视频监控	防汛知识、险情上报、天气预报	183
西藏自治区水利厅	自治区水文水资源勘测局	西藏自治区水文综合应用平台	65	实时水雨情与视频		15
甘肃省水利厅	厅机关	甘肃水利信息共享移动平台 App	1000	水利基础数据、动态数据查询	无	500
	厅水管局	甘肃省高效节水灌溉项目信息管理系统移动版	100	高效节水灌溉项目信息点采集、定位等	无	30
新疆维吾尔自治区水利厅	塔里木河流域管理局	塔管局综合办公系统	1000	办公流程公示公告	无	
	厅机关	国家防汛抗旱指挥系统工旱情分中心	200	汛情摘要、雨情信息、水情信息、气象信息、实时工情、移动巡查		50

附录6　2015年计划单列市水利信息化发展状况

统 计 项 目			大连市水务局	青岛市水利局	深圳市水务局	宁波市水利局	厦门市水利局
水利信息化保障环境统计表	前期工作数量/项			1			
	标准规范数量/项						
	管理规章制度数量/项						
	运行维护能力	信息系统专职运行维护人数/人	28	4	4	3	3
		到位的运行维护资金/万元　总经费	137.05	150	284.8	150	95
		专项维护经费	123.45	150		100	25
	项目及投资情况	新建项目及投资　新建项目数量/项				4	
		计划投资/万元　中央投资					
		地方投资		930			
		其他投资					
		信息化项目验收　通过验收的项目数量/项					
	机构和人才队伍建设	信息化领导机构名称	信息化工作领导小组	青岛市水利信息化建设领导小组	局法规科技处	宁波市水利局信息化工作领导小组	厦门市水利信息化工作领导小组
		领导机构工作部门名称	科技外事处	信息中心		办公室	水利局办公室
		技术支持及运行维护部门名称	通信管理中心	信息中心	深圳水务局法规和科技处	培训中心	洪水预警报中心
		人员情况/人　职工总人数	4289	4	14	5	7
		本科以上学历人数	1258	4	7	3	7
		主要从事信息化工作的人数	45	4	10	3	2
		2015年度接受信息化专题培训的人/人次	80	4	4	150	5
	信息化发展状况评估工作开展	是否开展年度信息化发展程度评估/价			是		
		制定了信息化发展程度评估指标体系及评估管理办法					
		进行本单位年度水利信息化发展程度的定量化评估					
		进行辖区内年度水利信息化发展程度的定量化评估					

续表

统计项目						大连市水务局	青岛市水利局	深圳市水务局	宁波市水利局	厦门市水利局
水利信息化保障环境统计表	信息化发展状况评估工作开展	内网	单位本级连接情况/个	以广域网联入内网	连接带宽<10M线路数		1			
					10M<连接带宽<100M线路数					
					连接带宽>100M线路数					
				以局域网联入内网的直属单位数						
				未连接		1		1	1	
			直属单位连接情况/个	以广域网联入内网	连接带宽<10M线路数				5	
					10M<连接带宽<100M线路数					
					连接带宽>100M线路数					
				以局域网联入内网的直属单位数						
				未接入						
			县(市)连接情况/个	以广域网联入内网	连接带宽<10M线路数				12	
					10M<连接带宽<100M线路数					
					连接带宽>100M线路数					
				以局域网联入内网的直属单位数						
				未接入						
			内网服务器套数/套							
			内网联网计算机台数/台				1			
		外网	单位本级连接情况/个	以广域网联入外网	连接带宽<10M线路数	1				
					10M<连接带宽<100M线路数			1		
					连接带宽>100M线路数					
				以局域网联入外网的直属单位数					1	
				未接入			1			
			直属单位连接情况/个	以广域网联入外网	连接带宽<10M线路数					
					10M<连接带宽<100M线路数					
					连接带宽>100M线路数					
				以局域网联入外网的直属单位数						
				未接入						
			县(市)连接情况/个	以广域网联入外网	连接带宽<10M线路数					
					10M<连接带宽<100M线路数					
					连接带宽>100M线路数					
				以局域网联入外网的直属单位数						
				未接入						
			外网服务器套数/套				8		20	
			外网联网计算机台数/台				185		40	

续表

续表

统计项目			大连市水务局	青岛市水利局	深圳市水务局	宁波市水利局	厦门市水利局
水利信息化保障环境统计表	视频系统建设	已联入系统的直属单位数/个 高清	1	1	1	3	
		标清					
		共享					
		接入系统的县市数/个 高清					
		标清					
		共享					
		本级组织召开的视频会议情况 会议次数/次	15	30	4	20	8
		参加人数/人	750	1600	60	2500	700
		高清视频会议系统节点总数/个	2			17	
	移动及应急网络	移动终端/台	20	111	14	150	
		移动信息采集设备套数/套				100	3
	存储能力调查表/GB	内网存储	20334	200	2150.4		3072
		外网存储	1207.5	6000	99942.4	40000	
	系统运行安全保障设施 内网	安全保密防护设备数量/台	1	1	1	1	
		采用CA身份认证的应用系统数量/个		1			
		是否进行分级保护改造	是		是		
		是否通过分级保护测评	是		是		
		是否实现统一的安全管理	是	是	是		
		是否配有本地数据备份系统	是	是	是		
		是否配有同城异地数据备份系统					
		是否配有远程异地容灾数据备份系统					
		是否开展保密检查		是		是	
		是否开展应急演练		是			
	外网	安全防护设备数量/个	1	2	5	10	3
		采用CA身份认证的应用系统数量/个					
		是否实现统一的安全管理	是	是	是		
		是否配有本地数据备份系统	是	是	是	是	
		是否配有同城异地数据备份系统				是	
		是否配有远程异地容灾数据备份系统					
		是否开展了安全检查	是	是	是	是	是
		是否制定了应急预案	是	是	是	是	
		是否组织过应急演练		是	是		
		是否组织开展了信息安全风险评估工作			是	是	
	等级保护情况 三级信息系统	总数量/个					
		已整改的系统数量/个					
		已通过测评的系统数量/个					
	二级信息系统	总数量/个					
		已整改的系统数量/个					
		已通过测评的系统数量/个					
	未定级信息系统	总数量/个					
		已整改的系统数量/个					
		已通过测评的系统数量/个					

统 计 项 目				大连市水务局	青岛市水利局	深圳市水务局	宁波市水利局	厦门市水利局
信息采集与工程监控	信息采集点/处	雨量	总采集点		186	49	446	100
			自动采集点	130	186	49	446	100
		水位	总采集点		23	29	550	118
			自动采集点	13	23	29	550	118
		流量	总采集点			42	14	
			自动采集点			42	14	
		地下水埋深	总采集点		302	38		
			自动采集点		302	8		
		水保	总采集点			1	2	
			自动采集点					
		水质	总采集点		109	4	90	
			自动采集点	4660	8	4	4	
		墒情（旱情）	总采集点		16			
			自动采集点	36	8			
		蒸发	总采集点			3	14	
			自动采集点			3	1	
		其他	总采集点					
			自动采集点					
			采集点名称					
	信息化监控系统数及信息化监控点数量/个		监控系统		1	8	20	45
			监控点总数		32	440	193	80
			独立（移动）点数				16	2
资源共享服务体系统计表	数据中心支撑的业务应用类型覆盖		是否已建立数据中心		是	是	是	
			防汛抗旱指挥与管理系统	是	是	是	是	是
			水资源监测与管理系统	是	是		是	是
			水土保持监测与管理系统					
			农村水利综合管理系统		是		是	
			水利水电工程移民安置与管理系统			是		
			水利电子政务系统	是	是		是	是
			水利工程建设与管理系统	是	是	是	是	
			水政监察管理系统		是		是	
			农村水电业务管理系统			是	是	
			水文业务管理系统	是			是	
			水利应急管理系统	是	是			
			水利遥感数据管理与应用系统	是	是		是	
			水利普查数据管理与应用系统		是		是	
			山洪监测数据管理与应用系统	是	是		是	
	数据库建设		数据库数量/个	21	10	38	10	4
			数据库存储总数据量/GB	1265	200	21	2500	70
			非结构化数据存储总数据量/GB	200				10
	数据中心信息服务方式		是否实现业务系统联机访问		是	是	是	
			是否提供目录服务			是	是	
			是否提供非授权联机查询		是		是	
			是否提供非授权联机下载					
			是否提供授权联机查询		是			

续表

统　计　项　目			大连市水务局	青岛市水利局	深圳市水务局	宁波市水利局	厦门市水利局
资源共享服务体系统计表	数据中心信息服务方式	是否提供授权联机下载					
		是否提供主题（专题）服务					
		是否提供数据挖掘和综合分析服务				是	
		是否提供离线服务					
		是否提供移动应用服务		是	是	是	
	门户服务应用	已建立统一的门户服务支撑系统		是	是	是	是
		已建立统一的对外服务门户网站		是	是	是	是
		已建立统一的对内服务门户网站		是	是	是	是
		实现基于门户服务的信息安全管理集成		是	是		
		实现基于门户服务的数据中心管理与服务集成		是		是	
		实现基于门户服务的业务系统应用集成		是	是		是
		实现基于门户服务的政务系统应用集成		是	是		是
		实现基于门户服务的移动业务应用集成		是		是	
		实现基于门户服务的应急管理业务应用集成		是			
		实现基于门户服务的运行环境管理平台集成		是	是	是	
综合业务应用体系统计表	水利网站	单位总数/个	26	1	1	22	6
		有网站的单位数量/个	6	1	1	14	1
		2015 年度门户网站或主网站访问人次/万人次	0.5	8	0.684	60	18
	门户网站运维管理情况	是否自行运营维护		是	是	是	是
		专职运维人数/人		4	1	2	3
		服务器管理方式	托管	自行管理	自行管理	空间租用	自行管理
		网站安全等级保护定级情况	二级信息系统	二级信息系统	二级信息系统	二级信息系统	
		是否经过网站安全等级保护测评	是		是	是	
		网站建站时间	2007 年 6 月	2002 年 6 月	2002 年 5 月	2005 年 12 月	2006 年 2 月
		网站年信息更新量/条	2000	1400	1582	900	
		网站年新增专题量/个	2	2	1	3	
		是否设有信息发布审核制度	是	是	是	是	是
		是否开通微信、微博			微博	微信	微博
		是否有手机移动应用服务			是	是	是
		是否开设了调查征集类栏目	是		是		是
		是否开设了政务咨询类栏目	是	是	是	是	是
		是否公开有效信件和留言	是	是	是	是	是
	水行政主管部门行政许可网上办理	行政许可数量/项	32	6	21	20	14
		网站公开及介绍的行政许可数量/项	32	6	21	20	14
		能够在网上办理的行政许可数量/项	1	6	21	20	10

续表

统 计 项 目			大连市 水务局	青岛市 水利局	深圳市 水务局	宁波市 水利局	厦门市 水利局
综合业务应用体系统计表	办公系统使用情况	本单位内部是否实现了公文流转无纸化	是	是	是	是	是
		单位与上级领导机关之间是否实现了 公文流转无纸化	是	是	是	是	是
		上级水利行业领导机关的单位总数/个		2	1	3	3
		与本单位之间实现的上级水利行业 领导机关单位数量/个		2	1	1	
		与本单位间实现了的直属单位数量/个	12	3	13	11	5
		下级水行政主管部门单位总数/个		7	8	11	6
		与本单位之间实现的下级水行政 主管部门单位数/个		7		11	
	业务应用系统建设	防汛抗旱指挥与管理系统	是	是	是	是	是
		水资源监测与管理系统	是	是	是	是	是
		水土保持监测与管理系统			是		
		农村水利综合管理系统		是		是	
		水利水电工程移民安置与管理系统					
		水利电子政务系统	是	是	是	是	是
		水利工程建设与管理系统	是	是	是	是	
		水政监察管理系统		是	是	是	
		农村水电业务管理系统				是	
		水文业务管理系统				是	
		水利应急管理系统	是	是		是	
		水利遥感数据管理与应用系统		是		是	
		水利普查数据管理与应用系统		是		是	
		山洪监测数据管理与应用系统	是	是		是	
水利通信系统建设调查表	水利通信系统建设	卫星通信系统	水利卫星小站/个					
			其他卫星设施/套		32			
			便携卫星小站/套					
		程控交换系统	系统容量/门					
			实际用户/个					
		应急通信车/辆	总数					
			动中通					
			静中通					
		微波通信	线路长度/km					
			站数/个					
		无线宽带接入	终端/个					
		集群通信	终端/个		111			
		其他通信手段	名称					
			站数/个					
			线路长度/km					

统　计　项　目			大连市 水务局	青岛市 水利局	深圳市 水务局	宁波市 水利局	厦门市 水利局
新技术应用情况调查表	物联网 应用情况	应用系统个数				5	
		感知器（传感器）数量/个				2330	
		移动标签数量/个					
		主要应用目标				水库运行监测、水雨情数据发布、调水取水监测、防汛预警、洪水分析	
	云技术 应用情况	云名称					
		上云的数据总量/GB					
		上云的应用名称					
		共享云资源的单位和部门名称					
		日最高方位量/人次					
		今年的运维（租用）费/万元					
	大数据 应用情况	大数据应用平台名称					
		平台的数据量/GB					
		平台数据包含的类型					
		主要应用目标					
	移动 应用情况	移动应用支撑软件名称					
		可支持的并发用户数/个					
		对水利内部服务的内容					
		对社会公众的服务内容					
		日最高访问量/人次					

附录7 各单位填报人员名单一览表

序号	单 位 名 称	审 核 人	填 报 人
（一）	部直属单位		
1	长江水利委员会	黄思平	杨轩
2	黄河水利委员会	寇怀忠	黄雪姝
3	淮河水利委员会	徐静保	邱梦凌
4	海河水利委员会	杨井泉	王妍/张洋
5	珠江水利委员会	甘郝新	刘聪
6	松辽水利委员会	孙启成	廖晓玉
7	太湖流域管理局	赵中伟	徐军
8	水利部综合事业局	汤勇生	赵文泽
9	中国水利水电科学研究院		段媛媛
10	南京水利科学研究院		杨海亮
（二）	省、自治区、直辖市		
1	北京市水务局	李琦	王昊
2	天津市水务局	任四海	张贵春
3	河北省水利厅	田昱	许源
4	辽宁省水利厅	江丽娟	马健峰
5	上海市水务局	黄士力	蓝岚
6	江苏省水利厅	陈辉	陆明
7	浙江省水利厅	骆小龙	魏杰
8	福建省水利厅	林坚	易松松
9	山东省水利厅	刘汉刚	王茜
10	广东省水利厅	莫洁	黎敏英
11	海南省水务厅	—	—
12	山西省水利厅	荣榕	张琰
13	吉林省水利厅	常守业	张辉
14	黑龙江省水利厅	—	—
15	安徽省水利厅	胡卫权	臧东亮
16	江西省水利厅	史赟	欧阳志勇
17	河南省水利厅	王骏	吕朋举
18	湖北省水利厅	朱光军	蔡胜/李兵
19	湖南省水利厅	赵恒亮	王谦
20	内蒙古自治区水利厅	赵宏峰	陈二军
21	广西壮族自治区水利厅	何桦	郑晓明
22	重庆市水利局	贾镭	徐一
23	四川省水利厅	林平	满媛
24	贵州省水利厅	杨晓春	蒋毛席
25	云南省水利厅	王东云	何光虎

序号	单 位 名 称	审 核 人	填 报 人
26	西藏自治区水利厅	向飞	晋美次旦
27	陕西省水利厅	胡彦华	雍进
28	甘肃省水利厅	吴海燕	李永峰
29	青海省水利厅	马金蹄	马存珠
30	宁夏回族自治区水利厅	姜维军	郝玲玲
31	新疆维吾尔自治区水利厅	艾尼瓦尔	张锴
32	新疆兵团水利局	杨国跃	罗国树
(三)	计划单列市		
1	青岛市水利局		阎大伟
2	宁波市水利局	俞红军	桑银江